Hunde besser züchten

Zeitgemäße Hundezucht: Vorbereitung, Deckakt, Trächtigkeit, Geburt und Aufzucht.

Nathalie Lièvre-Heese

MINERVA VERLAG
MÖNCHENGLADBACH

Der Verlag weist ausdrücklich darauf hin, dass im Text gegebenenfalls enthaltene externe Links vom Verlag nur bis zum Zeitpunkt der Buchveröffentlichung angesehen werden konnten. Auf spätere Veränderungen hat der Verlag keinerlei Einfluss. Eine Haftung ist daher von Verlagsseite ausgeschlossen.

Haftungsausschluss: Die Benutzung dieses Buchs und die Umsetzung der darin enthaltenen Informationen erfolgt ausdrücklich auf eigenes Risiko. Der Verlag und die Autorin können für etwaige Schäden jeder Art, die sich bei der Umsetzung von im Buch beschriebenen Vorgehensweisen ergeben, aus keinem Rechtsgrund eine Haftung übernehmen. Rechts- und Schadensersatzansprüche sind ausgeschlossen. Das Werk inklusive aller Inhalte wurde unter größter Sorgfalt erarbeitet. Dennoch können Druckfehler und Falschinformationen nicht vollständig ausgeschlossen werden. Der Verlag und die Autorin übernehmen keine Haftung für die Aktualität, Richtigkeit und Vollständigkeit der Buchinhalte, ebenso nicht für Druckfehler. Es kann keine juristische Verantwortung sowie Haftung in irgendeiner Form für fehlerhafte Angaben und daraus entstandene Folgen übernommen werden. Im Zweifel suchen Sie mit ihrem Tier bitte einen Tierarzt auf.

Bibliografische Information der Deutschen Nationalbibliothek
Die Deutsche Nationalbibliothek verzeichnet diese Publikation in der Deutschen Nationalbibliografie; detaillierte bibliografische Daten sind im Internet über http://dnb.dnb.de abrufbar.

Monschauer Str. 2 | D- 41068 Mönchengladbach
E-Mail: info@minervaverlag.de | Internet: www.minervaverlag.de

Design und Layout: Annika de la Motte
Umschlaggestaltung: Minerva kreativ; Foto: Adobe Stock/BetterPhoto

978-3-910503-18-2
1. Auflage 2024

ÜBER DAS BUCH

INTRO

Von romantischen Bildern im Kopf und geleitet von dem Wunsch, etwas Bleibendes zu schaffen, gehen leider einige Menschen mit einer doch etwas verklärten Betrachtungsweise an das Züchten heran.

Aus meiner Praxiserfahrung mit Schwerpunkt Zuchtoptimierung und Geburtsbegleitung möchte ich zeigen, wie es durch einige wenige Handgriffe und bestmögliche Vorsorge möglich ist, einem guten Ziel sehr viel näher zu kommen. Prophylaxe ist kein Zauberwort, sondern in allem zwingend notwendig. Das kostet mental und finanziell. Wer daran allerdings spart, zahlt am Ende drauf.

Der erste Blick gilt immer der Hündin. Mit ihr steht und fällt die gesamte Zucht. Ich möchte Ihnen zeigen, wie Sie nebst Fachwissen über Ihre Rasse lernen, natürliche Ressourcen, Triebe und Instinkte Ihrer Hündin zu nutzen, um Ihr während der Trächtigkeit und der Aufzucht bestmöglich zur Seite zu stehen. Wir müssen aufhören, unsere Hunde zu vermenschlichen und lernen, ihre Sprache zu sprechen. Nur so können wir eine artgerechte Aufzucht starten, mit wesensstarken und gesunden Welpen, die dem zukünftigen Besitzer Freude machen.

Ich möchte Ihnen erklären, wann es angebracht ist, einzugreifen und wie Sie auch in schwierigen Situationen souverän bleiben können. Mit der Darstellung eines logischen Ablaufes sind Sie informativ gut aufgestellt und beiliegende To-do-Listen sollen Ihnen helfen, an das Wichtigste in dem jeweiligen Zeitabschnitt erinnert zu werden.

Unabhängig, ob Sie nun professionell züchten oder aber mit dem Züchten anfangen, vielleicht ist Ihnen auch nur ein Malheur passiert und Sie möchten das Beste daraus für Ihre Hündin machen: Seien Sie mit Liebe dabei und kommen Sie Ihrer Verantwortung nach.

Es ist wichtig, wie der Mensch dieser Aufgabe nachkommt: Die Bibel sagt dazu in Sprüche 12:10:

"Der Gerechte sorgt für die Seele seines Haustieres."

Dem ist nichts hinzuzufügen. Ich wünsche Ihnen bei dieser großartigen Aufgabe alles erdenklich Gute und starke Nerven.

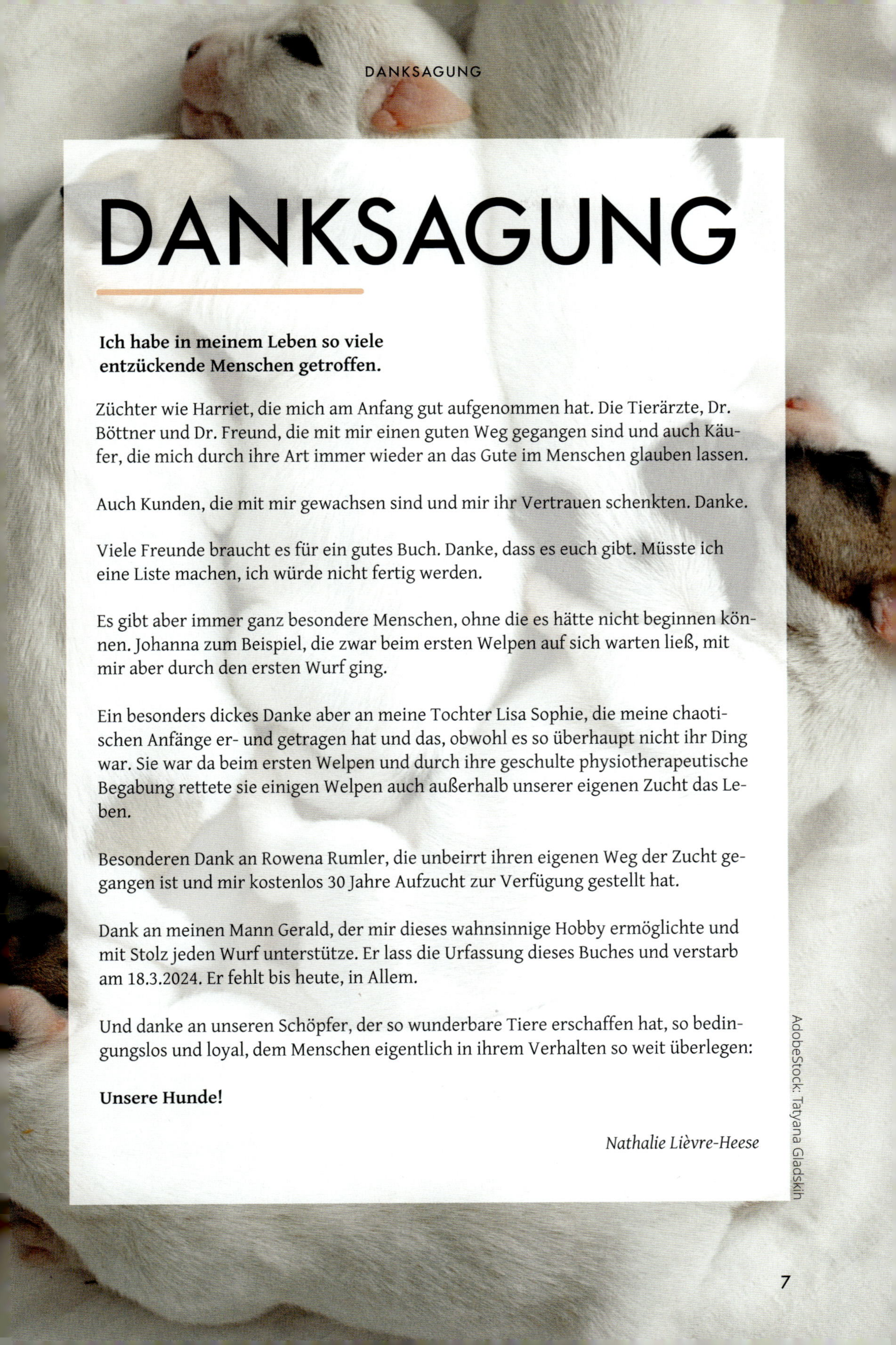

AdobeStock: Tatyana Gladskih

DANKSAGUNG

Ich habe in meinem Leben so viele entzückende Menschen getroffen.

Züchter wie Harriet, die mich am Anfang gut aufgenommen hat. Die Tierärzte, Dr. Böttner und Dr. Freund, die mit mir einen guten Weg gegangen sind und auch Käufer, die mich durch ihre Art immer wieder an das Gute im Menschen glauben lassen.

Auch Kunden, die mit mir gewachsen sind und mir ihr Vertrauen schenkten. Danke.

Viele Freunde braucht es für ein gutes Buch. Danke, dass es euch gibt. Müsste ich eine Liste machen, ich würde nicht fertig werden.

Es gibt aber immer ganz besondere Menschen, ohne die es hätte nicht beginnen können. Johanna zum Beispiel, die zwar beim ersten Welpen auf sich warten ließ, mit mir aber durch den ersten Wurf ging.

Ein besonders dickes Danke aber an meine Tochter Lisa Sophie, die meine chaotischen Anfänge er- und getragen hat und das, obwohl es so überhaupt nicht ihr Ding war. Sie war da beim ersten Welpen und durch ihre geschulte physiotherapeutische Begabung rettete sie einigen Welpen auch außerhalb unserer eigenen Zucht das Leben.

Besonderen Dank an Rowena Rumler, die unbeirrt ihren eigenen Weg der Zucht gegangen ist und mir kostenlos 30 Jahre Aufzucht zur Verfügung gestellt hat.

Dank an meinen Mann Gerald, der mir dieses wahnsinnige Hobby ermöglichte und mit Stolz jeden Wurf unterstütze. Er lass die Urfassung dieses Buches und verstarb am 18.3.2024. Er fehlt bis heute, in Allem.

Und danke an unseren Schöpfer, der so wunderbare Tiere erschaffen hat, so bedingungslos und loyal, dem Menschen eigentlich in ihrem Verhalten so weit überlegen:

Unsere Hunde!

Nathalie Lièvre-Heese

INHALT

TEIL 2: DIE VORBEREITUNG DER HÜNDIN | 32

TEIL 3: DER DECKAKT | 40

TEIL 4: DIE TRÄCHTIGE HÜNDIN | 52

TEIL 5: DIE GEBURT | 66

AdobeStock: Alexey Kuznetsov, Pixel-Shot

INHALT

AdobeStock: Виктория Дубровская, olgagorovenko

INHALT

TEIL 8: DIE AUFZUCHT | 130

INHALT

AdobeStock: azurita, juefraphoto

01

VORAUSSETZUNGEN FÜR DAS ZÜCHTEN

INTRO.

Prinzipiell kann man Folgendes sagen: Wer gut vorbereitet ist und auch seine Hündin bestmöglich auf die Trächtigkeit vorbereitet, hat schon viel für ein späteres Happy End getan.
Es bedarf Zeit und Kosten. Wer daran sparen möchte, zahlt meistens am Ende dazu.

AdobeStock: OlgaOvcharenko

1.1 VORBEREITUNG IST ALLES.

PERSÖNLICHE FRAGEN AN MICH SELBST

Wichtig ist, sich zuallererst realistisch mit den Konsequenzen des Züchtens auseinanderzusetzen. Leider werden die Konsequenzen, die Anforderungen und die hohe Verantwortung, die mit der Hobbyzucht einhergeht, oft nicht ausreichend bedacht.

Setzen Sie sich deshalb vorher unbedingt mit folgenden Fragen auseinander: **Hundezucht – was heißt das eigentlich?**

Eignen sich alle Hunde zur Zucht? Erbkrankheiten - welche Rolle spielen sie?

Moralische Grundfrage: Wie viel Hund braucht der Mensch? Immer mit Blick auf die Tierheime.

Thema Qualzucht: Wie stehe ich dazu? Ist Rassezucht immer sinnvoll?

Was bedeutet eine Aufzucht für meine Hündin?

Kann ich eine Aufzucht mindestens 8-10 Wochen artgerecht betreuen? Komme ich damit klar, dass die Welpen uns verlassen?

Welche Voraussetzung bringt meine Hündin mit?

Ist mir klar, dass meine Hündin ggf. durch Geburts- oder Nachgeburtskomplikationen sterben kann?

Eignet sich meine Hündin überhaupt für die Aufzucht?

Es ist heute kein Akt, an gute fundierte Informationen zu kommen, zumal die meisten auch noch kostenlos sind. Gutes Gelingen und verantwortliches Handeln liegen also in der Vorbereitung. Wie heißt es doch so schön: Vorsorge ist besser als Nachsorge.

Der letzte Punkt in der Liste ist besonders wichtig: Eignet sich meine Hündin zur Aufzucht?

Bei denjenigen, wo die Hündin bereits trächtig ist, vielleicht durch ein „Unglück“ oder Ähnliches, macht es Sinn, die folgenden Kapitel zu überspringen und schleunigst mit dem Thema Trächtigkeit anzufangen, damit Sie keine wertvolle Zeit verlieren.

AdobeStock: Look!,st.kolesnikov

1.2 WAS FÜR EIN ZÜCHTER WILL ICH SEIN?

Ob nun der Züchter seine Hündin zur Zucht zugelassen hat oder nicht, sollte eigentlich in diesem Buch eine nicht ganz so wesentliche Rolle spielen. Aber dennoch gilt meines Erachtens für die Vorbereitung einer Rassehündin: Wenn auf Rasse gezüchtet werden soll, sollte auf jeden Fall über einen Verein gezüchtet werden. Das heißt, man sollte eine Zuchtzulassung der Hündin erwirken.

Nebst der Tatsache, dass im Verlauf dieses Prozesses noch weitere Hilfestellungen geleistet werden, z.B. durch Züchterseminare, muss für die Zuchtzulassung eine Untersuchung beim Tierarzt erfolgen. Mit diesen Ergebnissen wird die Hündin zusätzlich einem Zuchtrichter vorgeführt. Dieser entscheidet, ob die Hündin die rassetypischen Merkmale im Aussehen und Verhalten aufweist, die sie für die Zucht qualifizieren. Natürlich informiert sich ein verantwortungsvoller Züchter auch vor der ersten Belegung über Themeninhalte wie Genetik und entwickelt Zuchtziele.

Als Züchter muss ich wissen, welche Anlagen ich verbessern, erhalten oder minimieren will und danach muss ich den Deckpartner aussuchen, wobei man sich erfahrungsgemäß immer auf ein oder zwei Kriterien beschränken sollte.

Was die Zuchttauglichkeitsprüfung, kurz ZTP genannt, so wertvoll macht, sind die dafür notwendigen Gesundheitsuntersuchungen beim Tierarzt.

AdobeStock: New Africa, Drobot Dean

Dabei wird das Auftreten verschiedener Erbkrankheiten überprüft und natürlich auch, ob die Hündin gesund ist. Je nach Rasse und Zuchtverband sind diese Untersuchungen unterschiedlich, aber zwingend vorgeschrieben, um an der offiziellen Zucht teilzunehmen. Folgend einem standardisierten Protokoll werden die Untersuchungen durchgeführt und die Ergebnisse in einem entsprechenden Gutachten zusammengefasst.

Der erste Schritt ist also immer der zum Tierarzt. Informieren Sie sich vorher bei einem Verein Ihrer Wahl, welche Untersuchung Ihre Hündin braucht.

Besteht die Hündin diese gesundheitliche Untersuchung nicht, sollte der Traum vom Züchten genau hier zu Ende sein. Das Ziel der Zucht sollten gesunde, langlebige Nachkommen sein, und das ist mit einer Hündin, die eventuell erbliche Defizite weitervererben kann oder aber krank ist, nicht möglich.

Auch Züchter, die Hybriden züchten, sollten sich so vorbereiten. Sicherlich gibt es hier keine Zuchttauglichkeitsprüfung, aber auch ihr Hund weist rassetypische Merkmale und damit verbundene Krankheiten auf, die es gilt, nicht weiterzuvererben. Generell sollte der Besitzer vorher in Erfahrung bringen, ob seine Hündin gesundheitlich fit ist und keine genetischen Krankheiten in sich trägt. Auch Züchter, die nicht auf Rasse züchten, können einem Verein beitreten und bekommen hier sehr viel Hilfestellung.

WER DARF SICH ZÜCHTER NENNEN?

Wer darf sich eigentlich Züchter nennen? Der Begriff ist nicht geschützt. Er sagt lediglich etwas darüber aus, was man macht. Ein Züchter ist eine Person, die aus wirtschaftlichen oder privaten Gründen für die Vermehrung und das Wohlbefinden z.B. von Hunden sorgt.

Als Zucht wird in der Biologie die kontrollierte Fortpflanzung mit dem Ziel der genetischen Umformung bezeichnet. Dabei sollen gewünschte Eigenschaften verstärkt und unerwünschte Eigenschaften durch entsprechende Zuchtauslese zum Verschwinden gebracht werden. Spätestens jetzt wird klar, wie bedeutsam die Aufgabe eines Züchters ist. Mit der bloßen Vermehrung oder gieriger Bereicherung sollte Züchten nichts zu tun haben.

Wer züchtet, sollte Hunde und ggf. seine Rasse lieben und bereit sein, positive Eigenschaften der Rasse zu verbessern. Man sollte sowohl im Wesen als auch optisch und gesundheitlich auf Defizite eingehen können. Das geht nur mit Sinn, Verstand und Wissen und muss zielgerichtet, geplant und gut durchdacht werden.

ZÜCHTERTYPEN

Privatpersonen, die zum Spaß ihre Hunde belegen lassen und ohne Papiere züchten, also nicht über einen Verein züchten. Ihre Hunde sind gesundheitlich nicht durch ein spezielles Vorsorgeprogramm gelaufen und nicht zur Zucht zugelassen.

Hobbyzüchter. Diese Züchter züchten über einen Verein. Ihre Hunde sind zur Zucht zugelassen und haben einen bestimmten rassetypischen Vorsorgecheck zur Erhaltung der Rasse. Hobbyzüchter haben höchstens bis zu drei Würfe im Jahr und verdienen an den Würfen in der Regel nichts. Haben Sie mehr als 3 zuchtfähige Hündinnen, kommt als Prüfung das Veterinäramt hinzu.

Kommerzielle Züchter. Sie züchten über einen Verein, haben bestimmte Auflagen durch das Veterinäramt (bestimmt, wie viele Hunde sie halten dürfen) und werden regelmäßig kontrolliert. Alle Hunde werden regelmäßig kontrolliert, sind zur Zucht zugelassen, etc.

1.3 DIE GENETIK

Was sollte man über Genetik wissen? Genetik ist die Wissenschaft, die die Weitergabe von Merkmalen von einer Generation zur nächsten untersucht.

Es ist wichtig, dass man die wichtigsten genetischen Merkmale seiner Rasse in der Vererbung und Weitergabe versteht.

Während die Hundezucht der Vergangenheit sich nahezu ausschließlich am Aussehen und Verhalten der Hunde orientierte, gerät in der modernen Zucht die Genetik immer mehr in den Vordergrund. Früher war es allenfalls die Mendel-Genetik, die in der Zucht berücksichtigt wurde. Heute leisten genetische Tests im Labor Großes.

Eine kurze Antwort bezüglich Erbkrankheiten und Inzucht können die meisten Züchter geben. Ihnen ist auch geläufig, welche genetischen Tests für ihre Rasse wichtig sind und wie das Ergebnis aussehen sollte. Allerdings stelle ich immer wieder fest, dass viele Züchter die Zusammenhänge und Ansätze, die dahinterstecken, kaum kennen oder verstehen.

> Ein Züchter ist kein Gentechniker, das muss er auch nicht sein. Er sollte jedoch die Zusammenhänge verstehen und Fachbegriffe erläutern können. Es gibt in fast allen Rassenhundevereinen zur Genetik Vorträge, die gut verständlich sind. Ich rate Ihnen, diese zu besuchen.

1.4 DIE HÜNDIN

Mit der Hündin steht und fällt alles. Sie bestimmt mit ihren Erbanlagen und ihren erworbenen Anlagen, wie die nächste Generation geprägt sein wird. Die Hündin muss in der Lage sein, dieser Aufgabe nachzukommen. Heute weiß man, dass die Hündin bei der Sozialisierung und Prägung der Welpen eine hauptsächliche Rolle spielt. Ihnen muss klar sein, dass Sie Ihre Hündin in allem unterstützen, defizitäre Bereiche erkennen und bestmöglich abdecken müssen. Mangelt es an Gesundheit, guter Erbanlage und Wesensfestigkeit, tun Sie Ihrer Hündin und auch den späteren Welpen keinen Gefallen. Auffällig schwer wird es z.B. für Begleithunde im Einsatz. Ob es ratsam ist, sie von ihrem Aufgabenbereich zu entbinden und für die Zucht einzusetzen, möchte ich bezweifeln.

Wie soll ein ausgebildeter Hypohund sich auf seinen Wurf konzentrieren, wenn sein Mensch in die Unterzuckerung gerät? Ich hatte einmal eine Hündin, die von ihrer Besitzerin als Schulhündin eingesetzt worden ist. Für diese Aufgabe war sie bestens geeignet. Beeindruckt hat mich die Tatsache, dass die Hündin wirklich auf die Futterfreigabe der Besitzerin wartete, wenn jemand ihr etwas zu fressen geben wollte. Selbst das beste Pausenbrot ließ sie im Raum liegen. Das ist bei Grundschülern sehr sinnvoll, schließlich teilt man gern seine Brote. Diese Hündin bekam 8 Welpen und hatte schon in der Trächtigkeit nicht den allerbesten Calciumstatus. Das Problem war jetzt: Sie fraß nicht von allein. Normalerweise bekommen Hündinnen mit großen Würfen ad libitum zu fressen. Das heißt, Futter steht 24 Stunden zur Verfügung. Sie braucht etwa das 3-Fache ihres Erhaltungsbedarfs (bei mehr als 6 Welpen gar das 4-Fache). Das ist sinnvoll, da die Hündin am besten spürt, wann sie Futter benötigt. Nun musste die Besitzerin ihr Tag und Nacht das Futter anreichen. Nicht sehr sinnvoll und kräftezehrend.

DAS ALTER IST ENTSCHEIDEND!

Alles fängt mit dem richtigen Alter der Hündin an. Die Hündin sollte bei der ersten Belegung auf keinen Fall ein Alter von drei Jahren überschritten haben. Zu fest sind dann Bänder und Sehnen, zu unflexibel reagiert der Körper auf die Trächtigkeit und Geburt. Die Kaiserschnittgeburten nehmen bei der Erstbelegung ab einem Alter von 4 Jahren überdurchschnittlich zu. Die Zuchtvereine legen in der Regel ein Mindestalter für die Erstbelegung fest. Man sollte immer auch im Hinterkopf haben, dass es eventuell nicht gleich mit der ersten Belegung klappt und daher auch nicht erst im dritten Lebensjahr anfangen, den ersten Versuch zu starten. Den ersten Belegungsversuch empfehle ich daher mit 18 Monaten zu planen. Grundvoraussetzung ist, dass die Hündin gesund, normalgewichtig und in guter Kondition ist, mit einem gutem Immun- und aktuellem Impfstatus.

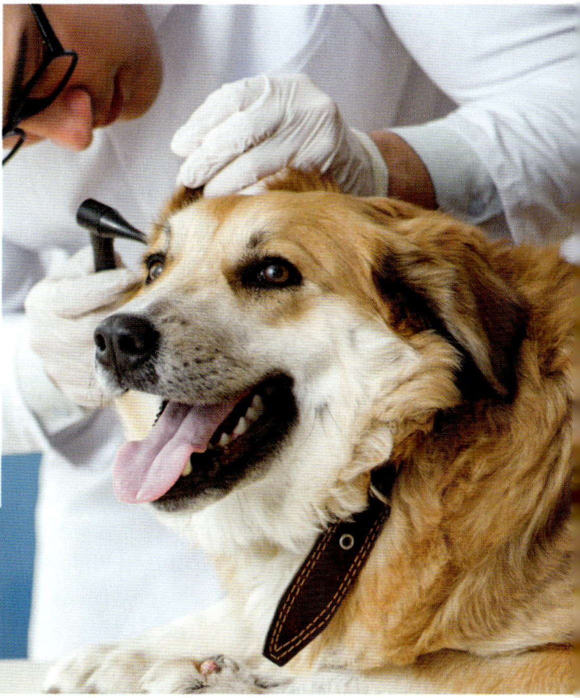

KRANKHEITSSTATUS

Trächtigkeit und Geburt sind für die Hündin körperliche Höchstleistungen. Erkrankungen, die generell die Leistungsfähigkeit eines Hundes einschränken, z.B. Erkrankungen des Bewegungsapparates, Erkrankungen des Herz-Kreislaufsystems oder der Atmung sollten zur kritischen Überprüfung des Zuchtvorhabens vor der Belegung der Hündin führen, ich rate davon ab.

GEWICHT

Nach tierärztlicher Meinung ist ein Hund normalgewichtig, wenn von oben gesehen eine Taille und von der Seite eine ansteigende Bauchlinie zu sehen und die Rippen zählbar sind. Zu dünn ist definitionsgemäß ein Hund, bei dem sich die Rippen deutlich sichtbar darstellen und die Dornfortsätze der Wirbelsäule und Beckenknochen sichtbar sind.

KONDITIONEN

Gute Kondition setzt ein intaktes Herz-Kreislaufsystem und einen belastbaren Bewegungsapparat voraus. Hündinnen, die durch Lauftraining eine gute Muskulatur aufbauen konnten, werfen leichter als nicht so trainierte oder überreichlich gefütterte.

IMMUNSYSTEM

Schwächen des Immunsystems zeigen sich z.B. in häufigem Auftreten von Ekzemen und Demodikosen. Hündinnen, die bekanntermaßen an derartigen Erkrankungen leiden, können durch den Stress der Trächtigkeit und Geburt sowohl selbst erneut erkranken als auch die Veranlagung zu diesen Erkrankungen (bzw. die Milben) an die Welpen weitergeben.

AdobeStock: Elnur,Pruksachat,nuzza11

1.5 DIE RAHMENBEDINGUNGEN BEIM ZÜCHTER

Eine wohlüberlegte Planung des Zeitraums für Trächtigkeit, Geburt und Aufzuchtphase, die Vorbereitung eines geeigneten Wurfraumes mit passender Wurfkiste und einen Welpenauslauf. Für Neuanfänger ist ein Kontakt zu einem in Geburtshilfe und Wurfbetreuung erfahrenen Tierarzt oder einem wirklich erfahrenen Züchter vonnöten.

1.6 DER WELPENKÄUFER

In der Aufzucht spielt der Welpenkäufer eine wichtige Rolle. Er sollte sorgfältig ausgewählt werden. Machen Sie es sich zur Aufgabe, ihn mit allen wichtigen Informationen zu versorgen und beziehen Sie ihn, so oft es Ihnen möglich ist, mit ein. Wir leben in einer Wegwerfgesellschaft. Das betrifft leider auch unsere Hunde. Die Tierheime sind voll von ausrangierten „besten Freunden", auch von Rassehunden. Sicherlich hat alles irgendwo eine Grenze und letztendlich möchten und müssen Sie den Welpen auch verkaufen, aber mit guter Vorbereitung und Einbindung schafft man die besten Voraussetzungen und spart sich am Ende jede Menge Ärger.
Sie haben es am Anfang in der Hand, das Optimale für Ihren Welpen herauszuholen.

WICHTIGES ZUM WELPENKÄUFER

So schwer es auch fällt, uns Züchtern ist klar, es kommt der Tag, an dem der Welpe sein Rudel verlassen muss. Das ist gerade am Anfang der Züchterkarriere ein sehr schmerzhafter Prozess. Man hofft sehr, dass man den Welpen bestmöglich vorbereitet und die richtige Familie ausgewählt hat. Man findet viele Informationen, wie der perfekte Züchter sein soll, aber wenig Hilfestellung über den perfekten Welpenkäufer. Um es einmal vorwegzunehmen: Es gibt sie beide nicht. Weder den perfekten Züchter noch den perfekten Welpenkäufer. Fakt ist, es gibt ein paar Kriterien, nach denen ein Käufer einen Züchter suchen sollte und ebenso auch andersherum.

Am Ende des Tages sucht eben der Welpenkäufer seinen Welpen und wir für unseren Welpen einen Welpenkäufer.

Machen Sie nicht den Fehler, dort ausschließlich nach Ihrem Bauchgefühl zu gehen. Sammeln Sie über die Bewerber Fakten, die sicherstellen, dass es Ihr Welpe sein restliches Leben dort gut haben wird. Sicherlich kann das Leben auch einmal andere Wege nehmen, aber dies von vornherein gleich mit einzukalkulieren, wäre für den Welpen inakzeptabel.

Ich erlebe es immer wieder, dass mich über 70-Jährige anrufen und sich für einen Welpen bewerben. Im Leben stehende erfahrene Menschen, ohne jeden Zweifel. Aber ist das in 8 Jahren auch noch so? Prüfen Sie, inwieweit der Hund dann versorgt wäre.

WELPENKÄUFER FINDEN

Fangen Sie mit der Suche nach Welpenkäufern am besten schon mit einer Wurfankündigung an. Heute sollte jeder Züchter eine Internetseite haben.

Tierzüchter sind darauf angewiesen, dass ein breites Publikum ihre Referenzen und Züchtungen kennt.

Gerade am Anfang stehen Züchter oft vor der großen Aufgabe, sich etablieren und beweisen zu müssen und eine gute Publicity aufzubauen. Sie haben so die Möglichkeit, alles, was Ihnen wichtig ist, schon auf Ihren Seiten zu vermerken. Vorsicht mit der Einstellung von Originalpapieren oder Hundeshow-Urkunden, es sind jede Menge Fälscher unterwegs. Berichten Sie darüber und zeigen Sie diese Urkunden gern auf Verlangen vor.

INTERNETAUFTRITT

Sie können sich und Ihre Zuchtstätte so präsentieren, dass der Käufer sich einen Eindruck von Ihrer Zuchtstätte und den Elterntieren machen kann. Das hat den Vorteil, dass nicht alle an Ihrer Zucht Interessierten zu Besuch kommen müssen. Ich lese immer wieder, dass der Käufer sich ein Bild von der Zuchtstätte machen sollte. Ich persönlich könnte dem Besucheransturm nicht standhalten. Deshalb gebe ich dieses Bild gern per Kurz-Video. Welpenkäufer haben oft ihre ganz eigenen Vorstellungen von einem Züchter und es ist verständlich, dass sie den Besten auswählen möchten, aber es gibt vermehrt den Be-

griff Welpentourismus. Menschen besuchen Züchter, um Informationen zu sammeln oder einfach nur mal so, um zu gucken. Wenn das für Sie alles praktikabel ist, dann machen Sie das. Denken Sie aber bitte daran: Ihre Hündin findet das weder in der Trächtigkeit noch in den ersten 4 Aufzuchtswochen angebracht.

FRAGEN AN DEN WELPENKÄUFER

Dennoch gibt es ein paar Kriterien, die Sie und auch der potentielle Welpenkäufer beachten sollten.

Ein Welpe ist immer niedlich, aber man muss überlegen, dass ein Hund länger als nur ein Welpenjahr in seiner neuen Familie bleibt. Manche Rassen werden bis zu 16 Jahre alt. Da stehen einige Überlegungen an.

Ihre Welpenkäufer sollten sich unbedingt vorher einige Fragen stellen und diese mit Ja beantworten können.

Sind alle Familienmitglieder dafür, einen Hund aufzunehmen?

Falls Sie einen Zweithund wollen, haben Sie sich in einer Hundeschule über die Integration eines Welpen informiert? Ist Ihr 1. Hund in einem Alter, in dem ein Zweithund Sinn macht? Also nicht zu jung und schon gut erzogen oder aber schon zu alt und zu belastet?

Haben Sie eine Allergie auf Hundehaare ausgeschlossen?

Ein Hund kostet im Laufe seines Lebens eine ganze Menge. Sind Sie bereit und in der Lage, für den Unterhalt (Hundehaltehaftpflicht, Steuern, Tierarztkosten, HD/ED Röntgen, Futter, Ausbildung usw.) des Vierbeiners zu sorgen?

Ist Ihr Vermieter mit der Hundehaltung einverstanden?

In den ersten Wochen nach Übernahme des Welpen benötigen Sie Zeit, sind Sie flexibel? Alleinsein und Stubenreinheit muss ein Hund lernen, auch dafür brauchen Sie Zeit. Haben Sie die Zeit und die Geduld, Ihrem Hund alles beizubringen?

Können Sie dafür sorgen, dass Ihr Hund auch nach der Eingewöhnung täglich auf keinen Fall mehr als allerhöchstens 5 Stunden alleine bleiben muss?

Haben Sie genug Zeit für Ihren Hund bezüglich Beschäftigung, Ausbildung, Erziehung und Gassi gehen? Sie brauchen täglich mindestens 2-3 Stunden Zeit für den Hund. Gibt es eine Betreuung, wenn Sie im Urlaub sind?

Werden Sie bei jedem Wetter mit dem Hund spazieren gehen? Haben Sie sich informiert, ob diese Rasse in Ihr Leben passt?

BETREUUNG DER WELPENKÄUFER

Manche Züchter teilen ihre Welpen zu, andere wiederum gehen ausschließlich auf die Wünsche ihrer Käufer ein. Auch hier sollten Sie es so handhaben, wie Sie sich dabei sicher fühlen. Fakt ist: Der Welpe braucht eine gute weitere Grunderziehung, damit der Rest der Sozialisierungsphase optimal genutzt wird. Das sollten Sie sicherstellen.

Ich gebe bereits vor dem ersten Besuch den neuen Besitzern einen Welpenkurs. Ich nutze dazu unsere moderne Technik und gebe diesen Kurs via Zooming oder Bildtelefon. Besitzt jemand diese technischen Möglichkeiten nicht, wird er per Telefon dazu geschaltet. Meistens lernen sich dabei schon alle neuen Besitzer kennen. Vorher bekommen

AdobeStock: Oleksandr,goodluz

alle Welpenbesitzer eine von mir zusammengestellte Welpenmappe. Investieren Sie in diese Stunden und auch für die persönlichen Nachgespräche per Telefon viel Energie und Zeit. Alles, was Sie im Vorwege investieren, kommt Ihren Welpen zugute.

Stellen Sie die Welpenmappen rechtzeitig zusammen, damit der neue Besitzer auch die Möglichkeit hat, sich damit zu beschäftigen. Themen für die Mappen könnten sein:

Die ersten Tage im neuen Zuhause, Fütterung, Impfung, Alleinbleiben, Pipi Party, Fressen etc. Es gibt schon fertige Mappen im Internet zum Downloaden. Lassen Sie sich inspirieren.

DIE SACHE MIT DEM VERTRAG

Bevor der Welpenkäufer seinen Welpen besuchen darf, mache ich einen Reservierungsvertrag mit einer angemessenen Anzahlung. Ich mache mit meinen Welpenkäufern Verträge, die recht einfach gestaltet sind. Manche Welpenverträge sind voll von §.

Verständlich, dass Sie sich als Züchter absichern wollen. Manche Verträge aber sind so formuliert, dass sie damit vor Gericht sofort als sittenwidrig abgestempelt werden würden und die Klage abgewiesen wird.

Sie können als Züchter um ein Vorkaufsrecht bitten, falls der Welpe doch nicht mehr erwünscht sein sollte, aber gesetzlich festlegen können Sie dies nicht.

Ein Hund ist vor unserer Rechtsprechung, wie in den meisten Ländern, eine Sache. Stellen Sie sich einen Autohändler vor, der Ihnen ein Auto verkauft und Ihnen verbietet, das Auto weiterzuverkaufen, wenn Sie es nicht mehr fahren wollen. Natürlich ist es emotional etwas ganz anderes, aber eben nicht für den Gesetzgeber. Es kommt immer mal wieder vor, dass Züchter auf Grund von irgendwelchen Sachen verklagt werden. Wenn Sie mit einem sittenwidrigen Vertrag um die Ecke kommen, stehen Ihre Chancen von Anfang an schlecht. Informieren Sie sich ggf. bei Ihrem oder einem Hundeverein. Dort gibt es in der Regel Vordrucke.

BESUCHE DER WELPENKÄUFER

Vielen Welpenbesitzern ist es wichtig, ihren Welpen schon vor Vertragsunterzeichnung zu sehen. Oft höre ich, man würde doch nicht die Katze im Sack kaufen wollen. Hartnäckig hält sich auch die Vorstellung, dass der Welpe sich die neuen Besitzer aussuchen würde. Aber beides ist nicht richtig. Als Züchter sind Sie ordentlich registriert. Der interessierte Welpenkäufer bekommt jederzeit die neusten Filme und kann so ungestört Welpen und Mutter beobachten und auch vorher via Film schon kennenlernen.

Die romantische Verklärung, dass der Welpe den neuen Besitzern geradezu in den Schoß läuft und dies Fügung sein soll, möchte ich weit von mir weisen. Mit Fügung hat weder das Züchten, noch der Verkauf von Welpen, zu tun. Bestenfalls der frechste Welpe aus dem Wurf läuft Fremden sofort entgegen. Nicht mehr und nicht weniger.

Bis einschließlich zum Ende der 4. Woche darf unsere Welpen, bis auf unsere Familienmitglieder und unsere Hunde, niemand besuchen. Ich habe mich für diesen Weg entschieden, da es ohnehin schon anstrengend genug ist, dem Ruhebedürfnis der Welpen mit allen Konditionierung und Aufgaben nachzukommen. Die anfängliche Prägungszeit und die Interaktion, die die Welpen zur Mutter, zu den Geschwistern, zu unseren Hunden, zu Innen- und Außenreizen haben, reicht völlig aus und wird nicht durch weitere Aktionen gestört. Zu groß ist mir in den ersten 4 Wochen auch die Gefahr durch Fremdverkeimung.

AdobeStock: Надія Коваль, Tatyana Gladskih

02

VORBEREITUNG DER HÜNDIN

INTRO.

Wenn alle diese Kriterien erfüllt sind und Sie das Ganze gut durchdacht haben, dann steht einem der schönsten Abenteuer nichts mehr im Weg.

Sie sollten bemüht sein, die Hündin physisch und psychisch bestmöglich auf die Trächtigkeit vorzubereiten, sodass es zu so wenig Komplikationen wie möglich kommen kann. Das betrifft die Vorbereitung der Hündin, den Deckakt, die Trächtigkeit, die Geburt und die Aufzucht.

2.1 DIE VORBEREITUNG DER HÜNDIN AUF DECKAKT UND TRÄCHTIGKEIT

Auch bei Hunden gilt: Du bist, was du frisst!

Die Hündin sollte vor der Belegung ein gutes und eiweißreiches Feuchtfutter mit hohem Fleischanteil bekommen. Gerne kann man dem Futter etwas Hanf oder Leinöl zufügen.

Konsequente gesunde Fütterung ohne Zusatzstoffe, pflanzliche und tierische Nebenerzeugnisse führen zu einem gesunden Darmaufbau. Es gilt das Motto: „Gesunder Darm, gesunder Hund." Tabu sollte billiges Trockenfutter sein, empfehlenswert ist kaltgepresstes Bio-Trockenfutter. Wer barft, sollte darauf achten, bei frischem Fleisch und Knochen zu bleiben. Fütterung von lediglich tiefgefrorenem Fleisch kann für eine Sterilität oder eine schleppende Läufigkeit verantwortlich sein (sichere Erfahrungstatsache - nach Dr. Wolff).

Sollten Sie barfen, achten Sie auch unbedingt darauf, dass Ihre Hündin keinen Schlund frisst.

Unter dem Begriff Schlund werden im Futtermittelhandel Rachen, Kehlkopf und die Speiseröhre eines Schlachttieres verstanden. Am Kehlkopf des Schlachttieres haften häufig auch noch Reste der Schilddrüse. Diese Drüsen- Reste enthalten Schilddrüsenhormone, die auch nach dem Trocknen und dem Kochen des Schlundes aktiv bleiben. Tatsächlich sind die Schilddrüsenhormone bei allen Säugetierarten gleich. Das bedeutet: Schilddrüsenhormone vom Rind, vom Lamm oder von einem anderen Schlachttier entfalten auch beim Hund ihre Wirkung. Bei einer Aufnahme von Schilddrüsenhormon mit dem Futter erhöhen sich die Schilddrüsenhormonwerte im Blut Ihrer Hündin.

Eine gestörte Schilddrüsenfunktion kann dem ungeborenen Welpen großen Schaden zufügen, vielleicht sogar zu gesundheitlichen Problemen führen, die das gesamte Leben anhalten. Zudem ist das Risiko für Fehl- und Totgeburten sowie Frühgeburten durch eine unbehandelte Erkrankung der Schilddrüse erhöht.

Auch Innereien sind mit Vorsicht zu genießen. Der Begriff Innereien bezeichnet eine Fülle von inneren Organen: Leber, Niere, Herz, Magen, Hirn. Sie können zahlreiche Nährstoffe liefern. Aber vor allem Leber und Niere liefern auch jede Menge Schadstoffe. Leber und Niere sind sogenannte Filterorgane und deshalb häufig mit Schwermetallen belastet. Leber enthält zusätzlich noch reichlich Vitamin A. Eine Überdosis von Vitamin A kann zu Wachstumsstörungen, Hautveränderungen und Sehschäden am ungeborenen Welpen führen.

Wer möchte, gibt der Hündin ein Monopräparat mit Folsäure. Folsäure kann dazu beitragen, Missbildungen und Entwicklungsstörungen bei den Welpen vorzubeugen. Füttern Sie bitte kein Kombi-Präparat für schwangere Frauen zu, es sind Stoffe wie Zink und Eisen enthalten, die nicht förderlich für die Hündin sind.

Die Hündin sollte gut bewegt werden und die Bindung zum Besitzer durch Bindungs- und Erziehungsspiele gestärkt werden. Dies sorgt gerade bei Problemen der Hündin in der Trächtigkeit oder in der Laktationszeit für Vertrauen zum Besitzer und macht die Hündin wesensstark und selbstbewusst.

Adobe Stock / zontica,rh2010

2.2 NEUE ZELLEN BILDEN

Nebst der guten Fütterung ist es ratsam, die Hündin ca. 2 Monate vor der zu erwartenden Läufigkeit zu entgiften. Im Fettgewebe eingelagerte Giftstoffe werden durch die Entgiftung aus den Zellen gelöst und über die Entgiftungsorgane Leber, Darm, Niere, Lunge und Haut ausgeschieden. Der Darm wird entlastet und gereinigt. Geschädigte Körperzellen bauen sich ab und schaffen Platz für Erneuerung. Zusätzlich wird das Bindegewebe verbessert. Vor Beginn der Entgiftungsphase sollte die Hündin auf Würmer und Parasiten untersucht werden. Wenn nötig, sind diese vor der Kur zu behandeln.

Ungefähr zwei Monate vor der Läufigkeit kommt zur Fütterung eine Kräutermischung, bestehend aus zwei Teilen Löwenzahnblättern, zwei Teilen Birkenblättern und einem Teil Mariendistelkraut. Daraus kocht man der Hündin einen Tee, den es einmal am Tag zu trinken gibt. Kleine Rassen trinken 50 ml, mittlere 150 ml und große 250 ml. Das Ganze kann mit Hühnerbrühe gestreckt werden, damit der Hund den Tee trinkt. Die nächsten 3 Stunden heißt es dann Pipi machen. Die Schüßlersalze Nr. 2, 6 und 10 wirken regenerierend, regen die Lebertätigkeit an und unterstützen die Ausscheidung der Schlackstoffe.

Von allen 3 Salzen jeweils 2-4 Tabletten, je nach Größe des Hundes 3 x am Tag in das Futter geben. Am besten zerbröselt. Die Kurdauer sollte mindestens 4 Wochen betragen. Zusätzlich bekommt die Hündin ein Darmaufbaumittel. Hier ist darauf zu achten, dass es sich auch wirklich um ein Darmaufbaumittel speziell für den Hund handelt.

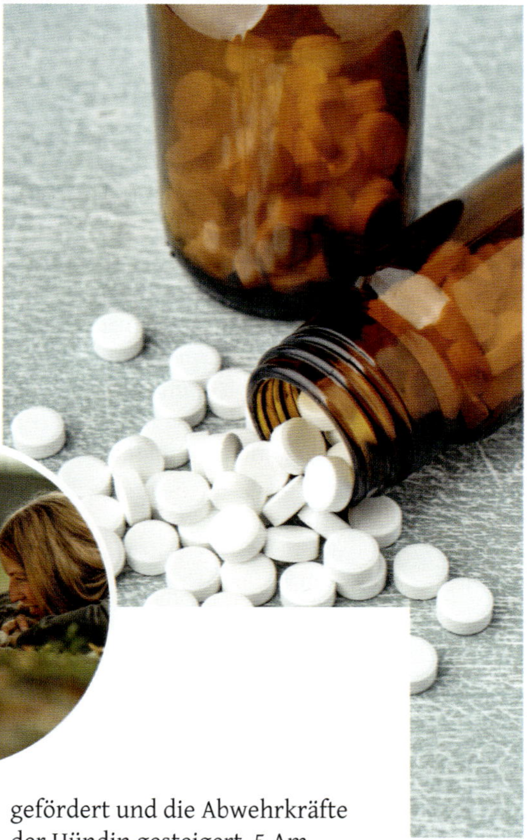

Adobe Stock / okkijan2010, Annabell Gsödl, jd-photodesign

2.3 DEN STOFFWECHSEL ANREGEN

Nun ist die Hündin gut aufgebaut, um ihren Stoffwechsel zu stimulieren. Nebst einem optimalen Deckzeitpunkt, auf dem in einem folgenden Artikel besonders eingegangen wird, ist die Stimulation der Zellen wichtig, um eine gute Deckbereitschaft, eine Annahme der Spermien und eine gute Wurfstärke zu erreichen. Ca. 7 Wochen vor der Läufigkeit wird durch die Gabe von Coenzym compositum die Zellentätigkeit gefördert und die Abwehrkräfte der Hündin gesteigert. 5 Ampullen werden auf 7 Tage aufgeteilt und jeweils mit in das Fressen gegeben.

Nach dieser Kur erfolgt die Vergabe der Schüßlersalze Nr. 1, 9, 11 und 21 für ca. 2 Wochen, 3 x am Tag je 2 Tabletten. Die Vergabe dieser Salze fördert die Fruchtbarkeit der Hündin, das ist gerade bei Hündinnen zu beobachten, die schon einmal „leer“ geblieben sind. Aber Achtung: Ohne vorherige Entgiftung und die oben angegeben Maßnahmen sollte diese Vergabe nicht erfolgen.

2.4 DIE HITZE DER HÜNDIN

Die nächsten Wochen sollte sehr genau auf erste Anzeichen der Läufigkeit geachtet werden. Das sieht bei jeder Hündin anders aus. Stelle ich erste Anzeichen fest, gebe ich der Hündin 1 x täglich 5 Globuli Cuprum Metallicum in einer D6 bis zum Deckakt. Die Globuli schiebt man direkt in die Schnauze oder aber in das Fressen. Es hilft, die Eizellen gut springen zu lassen, stimuliert sexuell und wirkt krampflösend. Zusätzlich ist es ratsam, Hündinnen, die das erste Mal belegt werden oder aber den Deckakt schon einmal verweigert haben, Sepia in einer D6 zu verabreichen. 3 x täglich 5 Globuli bis zum Tag der Deckung werden für einen reibungslosen Ablauf sorgen und die Hündin entsprechend heiß machen.

Adobe Stock / Pixel-Shot

03

DER DECKAKT

INTRO.

Die Hündin ist gut vorbereitet, der Rüde sorgfältig nach allen zuchtrelevanten Kriterien ausgesucht und über den ungefähren Deckzeitpunkt informiert. Um es vorwegzunehmen, der empfindlichste Teil ist die richtige Deckzeitbestimmung, nebst den technischen Daten spielt hier nämlich die Deckbereitschaft der Hündin eine wesentliche Rolle. Beides auf einen Nenner zu bringen, ist mit ein paar Tricks möglich.

AdobeStock: Johanna Men

3.1 DER DECKRÜDE

Die Anforderungen in der Rassezucht für den Rüden sind die gleichen wie bei der Hündin und obliegen den Zuchtvorschriften des Vereins. Der Rüde sollte selbstverständlich bei guter Gesundheit sein und alle rasserelevanten Tests absolviert haben. Sein Wesen sollte dem der Rasse entsprechen und auch für ihn gilt: Du bist, was du frisst. Eine ungesunde Ernährung wirkt sich sowohl negativ auf seine Spermien als auch auf den Nachwuchs aus. Das Decken der Hündin ist eine subtile Angelegenheit und erfordert von beiden Hundebesitzern ein gutes Wissen über biologische Vorgänge. „Das macht er schon"-Sätze sind gut gemeint, zeugen aber in der Regel von Unkenntnis und treffen ausschließlich auf wirklich ruhige und erfahrene Deckrüden zu.

Wobei es schon eine gute Voraussetzung ist, dass dieser bei einer unerfahrenen Hündin im besten Fall decksicher ist. Das erleichtert einer unerfahrenen Hündin in der Regel den Deckakt.

Der Deckakt sollte immer im Hause des Rüden stattfinden, da der Rüde sich dort sicher fühlt. Das erhöht seine Decksicherheit enorm. Draußen in der Natur hört sich schön an, kann aber oft im Deckunfall enden. Besser ist ein geschützter und sicherer Raum, in dem man jederzeit zur Stelle ist und die Hunde in Ruhe hängen können.

Adobe Stock /annaav, kazantsevaov

Kulanterweise wird der Rüde an drei Decktagen zur Verfügung stehen. Das nimmt den Hündinnenbesitzern den Druck, nur an zwei Tagen decken zu dürfen. Ohnehin ist dieses Deckritual eigentlich veraltet und in eine Zeit zu datieren, in dem Progesteronwerte etc noch keine Rolle spielten. Ein Rüdenbesitzer sollte wissen, dass es auch für den Rüden viel besser ist, an drei oder vier auf einander folgenden Tagen zu decken. Er wird ausgeglichener sein und nicht mehr auf sein Mädchen warten und: dass diese Hündin kostenlos in der nächsten Läufigkeit wieder zum Decken kommt, weil sie nicht aufgenommen hat, ist sehr unwahrscheinlich. In der Natur lässt sich die Hündin an ihren Stehtagen so oft es geht decken. So sichert sie sich ihre Nachkommen. Es wäre wünschenswert, dieses Verhalten zu berücksichtigen. Sollte es zu keinem Deckakt kommen, muss vorher ausgehandelt werden, wie dies finanziell berechnet wird. In den meisten Fällen, wenn der Rüde gedeckt hat und die Hündin leer bleibt, ist eine Nachdeckung im Deckvertrag vorgesehen. Keine Angst bei unerfahrenen Rüden. Mit ein paar Handgriffen und ruhigem Zuspruch decken auch unerfahrene Rüden. Es kann aber auch immer wieder vorkommen, dass der Deckvorgang nicht optimal verläuft. Dann ist es empfehlenswert, dass auch der Deckrüdenbesitzer die Zuchtvorschriften kennt und eventuell mit den notwendigen Formularen aushelfen kann und auf eine Tierarztpraxis, die Erfahrung mit Hundezucht hat, zurückgreifen kann. Gegebenenfalls kann eine Absamung des Rüden und eine Frischbesamung der Hündin erfolgen. Die Hündinnenbesitzer sind in der Regel an

merken, dass die Hündin einfach noch keinen Eisprung hat. Ist aber durch den Test klar, dass die Hündin einen Eisprung hatte, wirken diese Vergaben Wunder.

3.2. DIE LÄUFIGE HÜNDIN

diesen Tagen sehr aufgeregt, deshalb ist es für den Deckakt entscheidend, dass der Deckrüdenbesitzer ein gutes Know-how hat und die Ruhe selbst ist.

In der Regel zeigt der Rüde keine Deckunlust. Aber auch der tüchtigste Rüde kann einmal einen schlechten Tag haben. Hier hat es sich bewährt, täglich morgens, mittags und abends vor dem Füttern die homöopathischen Mittel Damiana D1 und Acidum Phosphoricum D6 zu je 5 Globuli zu geben. Die Deckunlust ist nicht zu verwechseln mit der Fähigkeit des Rüdens, zu

Um den errechneten besten Deckzeitpunkt zu nutzen und die Decklust mit der Hündin in Einklang zu bringen, nutzen wir ein paar natürliche Hilfsmittel. Wer seine Hündin gut kennt, kann schon zwei Wochen vor der Läufigkeit, spätestens aber ab Läufigkeit, das homöopathische Mittel Sepia D6 dreimal am Tag je fünf Globuli verabreichen. Das wird die Hündin auf den Deckakt vorbereiten, ihr helfen sexuelle Aktivitäten auszubilden und wirkt außerdem ausgleichend. Auch Cuprum Metallicum D6 1x tgl. 5 Globuli bis zur Deckung steigert die Fruchtbarkeit, hilft bei sexueller Unlust,

wirkt krampflösend und regt die Nieren an.
Ein Muss ist die Vergabe von Himbeerblättern, 1/2 Teelöffel 1 x ins Fressen bis zum Absetzen der Welpen. Himbeerblätter sind die Wunderwaffe der Gebärmutter. Sie schützen die Hündin vor einem Abort und verhindern in der Regel die meisten Kaiserschnitte. Sie entspannen und reinigen die Gebärmutter. Dies sind nur einige Mittel von vielen, die für einen reibungslosen Ablauf eingesetzt werden können. Hier empfehle ich bei unerfahrenen Züchtern auf jeden Fall den Besuch bei einem guten Naturheilkundler, der einem auf dieser Ebene weiterhelfen kann.

Nebst dieser guten Vorbereitung ist es entscheidend, den richtigen Deckzeitpunkt zu ermitteln. Auf jeden Fall sollte ab Anfang der Blutung der Deckrüdenbesitzer informiert werden, dass die Hündin in einigen Tagen soweit sein wird.

3.3 DER BESTE DECKZEITPUNKT

Um die Deckbereitschaft der Hündin brauchen wir uns bei Vergabe obiger Mittel keine wesentlichen Sorgen zu machen. In der Regel zeigt die Hündin ab circa dem achten oder neunten Tag der Blutung, wenn die Blutung aufhört und eher ein blutig-wässriger Ausfluss kommt, eine Deckbereitschaft. Sie hat ihre sogenannten Stehtage auch Standhitze genannt. Sie stellt sich meist vor den Rüden, steht still, und packt den Schwanz zur Seite. Das ist schon einmal ein gutes Zeichen. Aber Obacht: Manche Hündinnen haben ihren Eisprung wesentlich früher und sind dann auch früher deckbereit.

Ist die Deckbereitschaft da, geht es um den besten Zeitpunkt für den Besuch beim Rüden. Die Stehtage dauern in der Regel ca. 3-6 Tage an. Bei einigen Hündinnen aber auch kür-

Adobe Stock /SewcreamStudio, Pixel-Shot

zer oder noch länger.

Entscheidend ist, dass die Hündin einen Eisprung hat, sonst können Sie sich den kostspieligen Deckakt sparen. Um das herauszufinden, ist es am besten, Sie gehen am sechsten Tag der Läufigkeit zum Tierarzt und lassen einen Progesterontest durchführen. Bei einer Hündin, die das erste Mal belegt wird, kann es ratsam sein, dies schon am vierten Tag zu machen zu lassen. Es gibt nebst Progesteronbestimmung noch andere Anzeichen für die Bestimmung eines tatsächlichen Eisprunges. Der Progesterontest ist die sicherste. Die besten Tage für den ersten Deckakt sind der erste oder zweite Tag nach den Eisprüngen.

Sie können über das Hormon **Progesteron** im Blut ermittelt werden. Dabei wird so lange getestet, bis 4 - 10 ng/ml erreicht sind.

Dabei ist allerdings zu beachten, dass das Ergebnis immer die Aussage dann vom Vortag ist. Die Ergebnisse gibt es meistens am nächsten Tag.

Auch wenn die Hündin die Blutabnahme

Adobe Stock / Syda Productions,VK Studio, David

nicht gerade positiv findet, die Wiederholung sollte im Abstand von 1 bis 2 Tagen erfolgen bis ein Wert von 4-10 ng/ml erreicht sind.

Das ist wichtig, denn dann können Sie davon ausgehen, dass ein Eisprung stattfindet oder stattgefunden hat. Immer wieder höre ich, dass Züchter darauf verzichten. Die einen deshalb, weil ihre Hündin beim Blutabnehmen so leiden muss und den anderen ist es einfach zu kostspielig oder sie meinen, die Natur regelt das schon.

Nun, natürlich ist Blutabnehmen keine schöne Sache aber bedenken sie, wenn ihn ihre Hündin hier schon leidtut, sollten sie sich überlegen, ob das züchten etwas für ihre nerven ist. Während der Geburt und Aufzucht kommen andere Situationen auf sie zu, die deutlich schmerzhafter und

langwieriger sind oder sein können.

Am Anfang Geld zu sparen, zahlt sich meistens nicht aus. Das ist eine ganz einfache Rechnung: Nicht optimaler Deckzeitpunkt heißt in der Regel wenig bis gar keine Welpen. Oft Einlings- oder Zweilingsgeburten, die wiederum oft mit Kaiserschnitt enden können. Selbst wenn sie das nicht tun, bleiben Sie bei 2 Welpen nicht nur auf Ihren Kosten sitzen, sondern zahlen ordentlich drauf. Es macht also keinen Sinn, am Progesterontest zu sparen. Natürliche Ressourcen zu nutzen finde ich super, sich allerdings hier als Argument auf die Natur zu stützen, macht keinen Sinn. Ansonsten bräuchten Sie sich nicht die Mühe machen und den Rüden so sorgfältig aussuchen, sondern könnten Ihre Hündin an ihren Stehtagen auf die Hundewiese schicken und ihr viel Freude wünschen.

BESTER DECKZEITPUNKT: BERECHNUNG

Die Eizellen sind ab dem Eisprung ca. zwei bis drei Tage lang befruchtungsfähig. Das Ei selbst braucht allerdings nach dem Eisprung noch 1-2 Tage, bis es überhaupt befruchtet werden kann, also dazu bereit ist.

Bei einem Natursprung sind die Samenzellen ca. 4-7 Tage lang befruchtungsfähig. Individuell sind auch kürzere Zeiten möglich. Je nach Spermienqualität auch noch kürzere Zeiten. Frische Spermien, die für eine künstliche Besamung zur Verfügung stehen, haben eine Lebensdauer für 1-2 Tage. Die Gefrierspermien haben hingegen nur eine Lebensdauer von ca. 6 bis 12 Stunden.

Ab 4 ng/ml kann man davon ausgehen, dass ein Eisprung stattfinden wird und ab 8 ng/ml, dass ein Eisprung stattgefunden hat. Springt das Ei, braucht es in der Regel 1-2 Tage,

Adobe Stock / ksuksa, Lara Nachtigall

bis es befruchtungsfähig ist. Bei der Hündin durchläuft die Eizelle nach dem Eisprung eine weitere Reifeteilung und ist daher erst 2 bis 3 Tage nach dem Eisprung befruchtungsfähig. Bei einer natürlichen Deckung stellt dies in der Regel kein Problem dar. Wichtig ist es aber, zu wissen, dass bei einer künstlichen Besamung mit Frischsperma oder Gefriersperma ein späterer Deckzeitpunkt nötig ist als beim Natursprung. Die Eier sind sonst zwar schon gesprungen, aber noch nicht befruchtungsfähig und die Spermien sterben früher ab.

Der beste Tag für den ersten Deckversuch bei einem Natursprung ist der 1. Tag nach dem Eisprung. Also ist der Wert zum Beispiel **Montag** bei 6 ng/ml, so ist der beste Tag für den **ersten Deckversuch Montag oder Dienstag.** Am Mittwoch erfolgt dann der zweite Deckversuch. Donnerstag dann der 3. Deckakt. Sollte der Rüde nur 2 x zur Verfügung stehen, würde ich Dienstag und Mittwoch decken lassen. Beste Ergebnisse wurden bei Werten zwischen 9,5 und 12,5 ng/ml beim ersten Deckakt erzielt. Wer das Glück hat, den Deckrüden im Haus zu halten, wird hier sehr viel entspannter agieren.

WANN SOLL DIE HÜNDIN GEDECKT WERDEN?

1. Natursprung:

Erster Deckversuch am 1. oder 2. Tag nach den Eisprüngen (ggf. am Tag der Ovulationen).

Einmalige bis zweimalige Wiederholung des Deckaktes im Zeitraum bis zum 4. Tag nach den Eisprüngen.

2. Samenübertragung (Frischsamen oder gekühlter Samen):

Erste Übertragung am Tag 1 oder 2 nach den Eisprüngen. Wiederholung am Tag 3 und oder 4 nach den Eisprüngen.

3. Tiefgefriersamenübertragung:

Erste Übertragung am Tag 3 nach den Eisprüngen. Eventuell Wiederholung am Tag 4 nach den Eisprüngen.

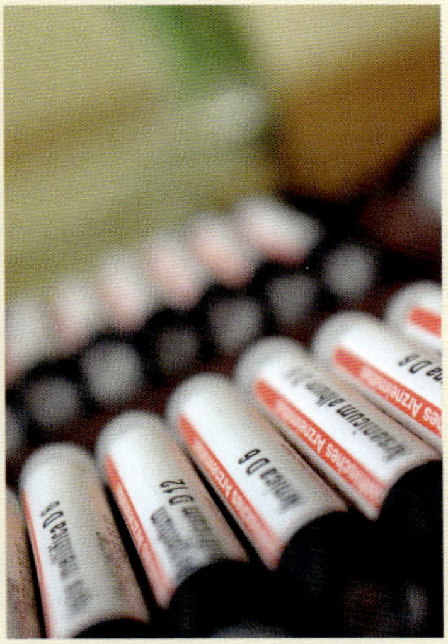

Sollte die Hündin trotz guter Vorbereitung und Einhaltung aller Kriterien nicht aufnehmen, kann das nebst hormonellen Problemen natürlich noch einige andere Ursachen haben. Vermehrt beobachte ich zu Zeiten von Voll- und/oder Supermonden, dass das hormonelle Gleichgewicht stark ins Wanken gerät. Das heißt, dass z.B. der Eisprung sehr viel später stattfindet, als die Hündin ihre Stehtage hat. Wohl dem, der jetzt einen Progesterontest macht und nicht nur auf die „Stehtage“, sprich Willigkeit der Hündin achtet. Die Hündin lässt sich mit Lust decken und bleibt dann leider leer. Die Lust kann man durch die Vergabe von Sepia C 1000 einmalig 5 Globuli am Tag und Cuprum Metallicum D 6 3 x 5 am Tag sanft hervorrufen. Auch das kann sich durch einen Voll- oder Supermond verändern. Zahlen Sie dem Rüdenbesitzer lieber mehr Decktaxe und hängen noch einen Decktag dran.

Keine Angst vor zu vielen Welpen. Das ist anatomisch und genetisch verankert. Es gibt keine Überbelegung.

3.4 DER DECKTAG

Geben Sie der Hündin am Morgen Sepia D6 1x 5 Globuli und alle 3 Stunden Rescue Tropfen. Letztere noch einmal, wenn Sie angekommen sind. Denken Sie daran, Ihre Hündin vor dem Deckakt ausreichend spazieren zu führen, danach sollte sie nämlich ruhen.

Die Haare um die Scham sollten Sie kürzen. Das erleichtert den Deckakt. Jungfräuliche Hündinnen sollten eine Bachblütenmischung bestehend aus Aspen, Scleranthus, Walnut und Chestnut Bud je 1 x 5 Tropfen morgens vor dem Deckakt bekommen. Das macht sie gelassen und selbstsicherer. Rescue Tropfen je 5 Tropfen sorgen dafür, dass Ihre Hündin etwas entspannter ist. Fangen Sie damit einen Tag vor der Belegung an. 3 x 5 Tropfen am Tag und 5 Tropfen vor der Belegung sollten genügen. Sollten Sie sehr aufgeregt sein, empfehle ich ein Gläschen Sekt für Sie zum Einstieg. Vermeiden Sie einen Deckakt mit einem Rüden, mit dem die Hündin bereits negative Erfahrung gemacht hat.

Adobe Stock / Christian Müller, rh2010

Für den Deckakt sollte Zeit zur Verfügung stehen, damit sich die Hunde kurz beschnuppern und kennenlernen können. Machen Sie daraus kein Event. Reduzieren Sie aber die Auslauffläche, gerade bei unerfahrenen Hündinnen oder Rüden, damit Sie jederzeit zur Stelle sein können. Stehen Sie nicht unter Druck und lassen Sie Ihre Hündin das Tempo bestimmen. Manchmal ist es besser, der Besitzer der zu deckenden Hündin entfernt sich, falls er zu aufgeregt ist. Auch ein erfahrener Rüdenbesitzer ist in der Lage, die hängenden Hunde zu halten.

Rüde und Hündin sollten vor dem geplanten Deckakt 4 Stunden vorher das letzte Mal gefüttert worden sein. Wenn die Hündin dem Rüden zusagt, wird er bald versuchen, aufzureiten. Unerfahrene Hündinnen werden in der Regel das Aufreiten noch zulassen, aber bei dem Bewusstsein, dass etwas Ungewöhnliches an der Scham passiert, zur Seite wegspringen. Manchmal ist es erforderlich, hier ein wenig helfend einzugreifen, damit der Rüde den Penisknochen in die Scheide schieben kann, um weiter aufzureiten. Achten Sie darauf, dass sich die Hündin dabei nicht setzt, das kann für den Rüden fatale Folgen haben. Wenn Sie noch ganz am Anfang ihrer Züchterkarriere stehen, suchen Sie sich auf jeden Fall einen erfahrenen Züchter eines Rüden.

Nach dem erfolgten Deckakt sollte man zur Unterstützung bereit sein, denn sobald der Rüde "hängt" und sich in der Regel drehen möchte, sollte darauf geachtet werden, dass beide Hunde zusammen bleiben. Beim Hängen wird der knollenförmig erweiterte Penis des Rüden in der Vagina der Hündin festgehalten. Das Hängen kann 5 Minuten bis 55 Minuten dauern und kann nur durch die Hündin gelöst werden. Geduld ist hier das Gebot der Stunde.

Es ist dafür Sorge zu tragen, dass sie sich nicht auseinanderreißen können - es kann nämlich zu schwerwiegenden Verletzungen kommen, daher hilft hier beruhigen und dabei bleiben. Manche Hündinnen stoßen dabei einen entsetzlichen Urschrei aus oder wimmern leise vor sich hin. Keine Sorge, es ist alles in Ordnung. Bemitleiden Sie Ihre Hündin nicht, sondern erzählen Sie ihr davon, dass es alsbald kleine Welpen gibt und Sie sehr stolz sind. Noch einmal, Sie wollen züchten! Ihre Welpen werden Sie sorgfältig zu Hause aufziehen. Auch der Deckakt sollte so sorgfältig stattfinden. Mal irgendwie im irgendwo kann fatal enden. Gute Züchterrüden wissen das und überlassen hier nichts der „Natur". Bringen Sie die Einstellung der Rüdenbesitzer vorher in Erfahrung.

Bitte lassen Sie Ihre Hündin nach dem Deckakt kein Pipi machen, sondern treten Sie gleich die Heimreise an. Bestenfalls verfrachten Sie Ihre Hündin gleich in den Kofferraum. Nach einer Stunde kurzes Pipi machen, den nächsten Spaziergang 4 Stunden später. Beste Welpenquote: an 3 Tagen decken lassen. Die nächsten Tage ist Ruhe angesagt.

04

DIE TRÄCHTIGE HÜNDIN

INTRO.

Die Hündin ist nun gedeckt und es beginnt eine lange Zeit des Wartens. Für den Züchter scheinen die Tage bis zum Nachweis der Trächtigkeit unendlich lang. Auch jetzt ist jede Menge zu tun und gerade in der Trächtigkeit ist es wichtig, die Hündin optimal zu unterstützen. Überlassen Sie auch jetzt nichts dem Zufall. Auch hier gilt: Vorsorge ist besser als Nachsorge.

AdobeStock: Tatyana Gladskih

4.1 DAS ERSTE DRITTEL

Adobe Stock / LIGHTFIELD STUDIOS

Unabhängig der Tatsache, ob die Hündin gedeckt ist oder nicht, steigt der Progesteron- wert unaufhaltsam.

Die Entwicklung der Embryonen dauert, bis sie ihren eigentlichen Platz in den Gebärmutterhörnern gefunden haben, circa 20 Tage. Die Trächtigkeit der Hündin ist keine Krankheit, aber es sollte sehr darauf geachtet werden, dass die Hündin ausreichend Ruhezeiten hat, keinen sportlichen Aktivitäten mehr nachgeht, aber dennoch Auslauf bekommt. Schützen Sie Ihre Hündin jetzt besonders vor Infektionskrankheiten, die sie an ihre Welpen weitergeben kann. Auch in Bächen oder Badeseen schlummern Gefahren in Form von Erregern, die unter Umständen eine Annahme der Früchte verhindern, oder aber einen Abort auslösen können. Gute Vorbereitung ist die beste Voraussetzung für eine gute Geburt und Aufzucht.

Die Vergabe von Himbeerblättern in Bioqualität sollte von Anfang an einmal am Tag Bestandteil des Fressens sein. Sie sind eine Wunderwaffe in der Trächtigkeit. Einen halben Teelöffel für kleine und einen Teelöffel für große Hunde. Entweder als Kraut ins Futter oder aber gekocht als Tee, können sie ganz am Anfang der Trächtigkeit gegen Übelkeit helfen. Himbeerblätter erhöhen die Durchblutung der Gebärmutter. Gutes Anwachsen der Früchte ist also garantiert und die Wehentätigkeit wird angeregt. Einer Übertragung wird dadurch vorgebeugt.

Durch das enthaltene Magnesium werden Muttermund und Beckenbodenmuskulatur aufgelockert und entkrampft. So kann die zweite Wehenphase verkürzt und die Austreibungspha-

se während der Geburt erleichtert werden.

Der muskelentspannende Effekt verringert Schmerzen bei der Geburt. In der Laktationszeit wird durch den Tee die Milchbildung angeregt.

DOS UND DONT'S IM ERSTEN DRITTEL

Zu verzichten in der Trächtigkeit ist unbedingt auf Petersilie, Löwenzahn und das homöopathische Mittel Nux Vomica in allen Potenzen. Alle diese Mittel sind abortfördernd.

- Schlund sollte wegen der Belastung durch Schilddrüsenhormonen nicht gefüttert werden. Durch die Aufnahme der Hormone mit dem Futter erhöhen sich die Schilddrüsenhormonwerte im Blut der Hündin. Eine gestörte Schilddrüsenfunktion kann dem ungeborenen Welpen großen Schaden zufügen, vielleicht sogar zu gesundheitlichen Problemen führen, die das gesamte Leben anhalten. Zudem ist das Risiko für Fehl- und Totgeburten sowie Frühgeburten durch eine unbehandelte Erkrankung der Schilddrüse erhöht.

- Auch Innereien sind mit Vorsicht zu genießen. Leber und Niere liefern auch jede Menge Schadstoffe. Sie sind Filterorgane und deshalb häufig mit Schwermetallen belastet. Schwermetalle lösen oft eine Frühgeburt aus. Leber enthält zusätzlich noch reichlich Vitamin A. Eine Überdosis von Vitamin A kann zu Wachstumsstörungen, Hautveränderungen und Sehschäden am ungeborenen Welpen führen.

- Verzichten Sie auf die zusätzliche Vergabe von fettlöslichen Vitaminen (A,

Adobe Stock / ruslan_shramko, Microgen

K, D und E). Diese können überdosiert ernsthafte gesundheitliche Folgen mit sich bringen.

Droht ein Frühabort während der Trächtigkeit z.B. durch Stoß, Fall, Quetschung, Unfall, Schock, etc. sollte sofort Arnica D3 ½ stündlich 10 Tropfen verabreicht werden, bis man sicher ist, dass die Gefahr vorüber ist.

- Die Ernährung der Hündin sollte im ersten Drittel normal weiterlaufen.

Die Vergabe von Folsäure kann dazu beitragen, Entwicklungsstörungen bei den Welpen vorzubeugen. Füttern Sie bitte kein Kombi-Präparat für schwangere Frauen zu, es sind Stoffe wie Zink und Eisen enthalten, die nicht förderlich für die Hündin sind.

Der Auslauf sollte entspannt und ohne sportliche Leistung erfolgen, in gewohnter Ausgehzeit.

4.2 DAS ZWEITE DRITTEL DER TRÄCHTIGKEIT

In der Trächtigkeit ist darauf zu achten, dass die Hündin gezielt gute Eiweißquellen zur Verfügung gestellt bekommt, damit die Föten versorgt werden. Dies kommt den meisten Hündinnen sehr entgegen, da ihre Hormone auf Hochtouren laufen. Viele Hündinnen hören in dieser Zeit auf, zu fressen. Ihnen ist mitunter so schlecht, dass sie erbrechen. Gekochtes Hähnchen mit etwas Schonkost wird aber von den meisten Hündinnen nicht verachtet. Auch Rinderhack wird als Appetizer gern genommen und regt den Appetit wieder an. Bekommen Sie bitte keine Panik, wenn Ihre Hündin nicht frisst und fangen Sie nicht an, Ihrer Hündin alles Mögliche anzubieten. Das löst eine Irritation in der Magen- und Darmschleimhaut aus und führt meistens zur Übersäuerung und noch größeren Problemen. Sollte Ihre Hündin das Fressen mehrere Tage gänzlich verweigern, wobei die Toleranzschwelle bei kleineren Hunden viel früher stattfinden sollte, konsultieren Sie bitte unbedingt den Tierarzt/in oder Naturheiltherapeut/in. Falls notwendig gibt es hochkalorische Kost oder es wird eine Zwangsernährung stattfinden müssen. Mit einer Hündin, die in der Trächtigkeit oder aber später in der Aufzucht so ein problematisches Fressverhalten zeigt, sollte nicht gezüchtet werden. Knochenfütterung ist ab diesem Zeitpunkt einzustellen. Durch den rasanten Hormonanstieg verlieren einige Hündinnen nicht nur die Lust am Fressen, viele Hündinnen sind zum Spazierengehen nicht mehr zu bewegen.

20-30 Minuten Gassi gehen am Stück und das 2 x am Tag sollte dennoch eingehalten werden.

DER EMBRYO IM ZWEITEN DRITTEL

Ca. 18 bis 21 Tage nach dem Deckakt nisten sich die Embryonen, die so lange auf Wanderschaft waren, in die Gebärmutter ein. Vom ca. 21. - 28. Tag entwickeln sich die Embryonen so rasant, dass sie zu dieser zeit extrem stark defektgefährdet sind. Wohl der Hündin, die jetzt schläfrig in der Ecke liegt. Wildere Modelle sollten jetzt unbedingt entsprechend sorgfältig geschützt und betreut werden. Gerade für jüngere Hündin mag das eine große Herausforderung sein. Aber denken Sie daran: Je mehr Früchte zerplatzen, desto weniger Welpen können geboren werden. Nehmen Sie Ihre Hündin an die Leine und gehen Sie mit ihr einen Kilometer mehr, wenn sie gehfreudig ist. Schnüffelspiele zu Hause schaffen guten geistigen Ausgleich. Wer das seiner Hündin nicht antun mag, sollte im gleichen Atemzug überlegen, was er den nicht ungeborenen Welpen zumutet, im Falle eines Falles, den Tod. Interessanterweise wird überall erklärt, dass durch Palpation die Welpen ertastet werden können und im gleichen Atemzug darauf hingewiesen, dass diese Technik nur erfahrene Tierärzte durchführen sollten, da durch dieses Betasten die Föten zerdrückt werden können.

Wenn das möglich ist, sollten Sie sich überlegen, was möglich ist, wenn Ihre Hündin mit anderen Hunden rangelt, rennt oder tobt.

Der Fötus durchläuft ca. am 31./32. Tag noch einmal eine heikle Entwicklung. Es kommt zum sogenannten Nabelbruch, d.h. der Darm wird kurzzeitig aus der Körperhöhle verlagert, um schneller wachsen zu können. Bis zum 35. Tag ist die gesamte Organogenese (Organbildung) der Föten abgeschlossen. Bis dahin sind sie äußerst empfindlich für die Einwirkung von Medikamenten (z.B. auch Wurmkuren, Röntgenstrahlen und Impfungen). Auch Vitaminmangel und -überversorgung, Überhitzung (z.B. im Auto) und Umweltschadstoffe (z.B. Düngemittel auf Wiesen/Feldern und Pfützen) sind schädlich, da der Fötus durch die Nabelvene und -arterie direkt mit der Mutter verbunden ist.

Auf negative Einflüsse sollte man deshalb in dieser Zeit ein besonderes Augenmerk richten, da es sonst zu Fehlbildungen oder zum Absterben der Föten kommen kann! Das gilt auch für die Überversorgung der Hündin durch Nahrungsergänzungsmittel. Diese sollten nur dann verabreicht werden, wenn man um einen Mangel weiß!

Ausgenommen der Folsäure, auch Vitamin B9 genannt. Folsäure kann dazu beitragen, Missbildungen und Entwicklungsstörungen bei den Welpen vorzubeugen.

Auch Krankheitserreger sorgen in dieser Phase oft für einen Abort. Viele Hunde oder kranke Tiere sind in dieser Zeit zu meiden.

TRÄCHTIGKEITSFESTSTELLUNG

Eine schläfrige und nicht fressende Hündin ist noch kein Garant dafür, dass sie trächtig ist. Viele Hündinnen sondern ab dem 21. Tag einen zähflüssigen klaren bis milchig trüben Schleim ab, meist ein sehr sicheres Zeichen für eine Trächtigkeit.

Adobe Stock / zinkevych, Pixel-Shot, dark_blade, Bonsales

Manchmal schwillt die Scham an und die Zitzen werden rosiger.

Ab der Einnistung der Embryonen in die Gebärmutterhörner können sehr erfahrene Züchter oder Tierärzte durch eine Palpation ertasten, ob die Hündin trächtig ist. Alle anderen sollten diese Technik auf keinen Fall anwenden, da sich die Früchte von außen zerdrücken lassen.

Es ist verständlich, dass jeder Züchter wissen möchte, ob die Hündin trächtig ist, aber Obacht: Immer wieder wird hier ein gravierender Fehler begangen. In der Zeit vom 20. bis zum 35. Tag sind die Früchte bisweilen extrem defektgefährdet.

In diese Phase fällt bei den meisten Züchtern der Ultraschall. Ob und inwiefern das Schallen für die Früchte eine Gefahrenquelle darstellt, soll hier nicht geklärt werden, wohl aber die Tatsache, dass die meisten Tierärzte die Hündin erst einmal in die Seitenlage bringen, um dann mit ziemlich viel Druck auf dem Bauch mit dem Ultraschallgerät den Bauch auf und ab zu fahren. Da kommen dann viele Sachen für die Hündin an Stress zusammen und der Druck auf die Früchte kann diese beschädigen.

DER ULTRASCHALL

Es ist deshalb ratsam, mit dem Ultraschall bis zum 35. Tag zu warten. Danach sind die Föten ziemlich resistent gegen Störungen. Viele Züchter gehen ohnehin zu früh zum schallen und schallen dann nochmal, um sicherzugehen.

Ob nun am 35. Tag oder aber früher geschallt wird: Auf jeden Fall sollte aber darauf geachtet werden, dass die Hündin beim Schallen steht und dieser nicht unnötig lang stattfindet. Es ist ohnehin nicht möglich, durch das Schallen zu ermitteln, wie viele Welpen in der Hündin sind. Sollte die Hündin zu viel Fell unter dem Bauch haben, scheren Sie den Bauch zu Hause lieber selbst. Das ist für Ihre Hündin viel entspannter. Einen Tag vorher und am Tag des Schallens gern die Rescuetropfen wieder einsetzen.

Wichtig für diese für alle Seiten sehr empfindsame Phase ist Ruhe, Zeit und Geduld und das Wissen, dass für alles, was kommt, genügend Zeit vorhanden ist.

4.3 DAS LETZTE DRITTEL DER TRÄCHTIGKEIT

DIE WAHL DES FUTTERS

Im letzten Drittel sollte dann bei der Fütterung darauf geachtet werden, dass der Hündin in ausreichender Menge gute Kalziumquellen zur Verfügung stehen.
Manchmal macht es Sinn, in diesem letzten Drittel einen Futterwechsel zu einem guten kaltgepressten (Bio) Welpentrockenfutter zu wagen. Das hat zwei Vorteile, der erste ist die ausreichende Versorgung von Kalzium. Der zweite Vorteil liegt in der Men-

genvergabe des Futters. Füttert man Dose oder frisches Fleisch, würde das für die Mutter bedeuten, dass wenn die Welpen geboren sind, sie circa 200 g pro Welpe mehr an Futter pro Tag zu sich nehmen muss, um ausreichend versorgt zu sein. Das ist für die meisten Hunde nicht zu schaffen, da der Magen zu klein ist. Ein gutes kaltgepresstes Welpenfutter liefert in kleinen Mengen ausreichend Nährstoffe und Energie und ist daher für das letzte Drittel und die Aufzucht in den ersten Wochen die bessere Wahl. Zumindest sollte auf jeden Fall auf ein Junior/Welpenfutter umgestellt werden.

Die Mahlzeiten sollten in 3-4 Portionen über den Tag gegeben werden. Auch wenn die Hündin nicht möchte: Gassigehen ist Pflicht. Eine gute Muskulatur sorgt für eine reibungslose Geburt. Zum einen braucht sie die Hinterhandmuskulatur zum Pressen und zum anderen liegt die Hündin in den ersten Wochen und die Muskulatur lässt sehr nach.

VORBEREITUNG AUF DIE GEBURT

Vom 35. bis zum 50. Tag sollten alle Geburtsvorbereitungen abgeschlossen sein. Ca. 10 Tage vor der Geburt und 14 Tage danach sollten keinerlei andere Verpflichtungen anstehen. Auch Arbeiten im Haus oder Garten sollten rechtzeitig abgeschlossen sein. Das Wurfzimmer sollte in dieser Zeit eingerichtet sein und die Hündin an die Wurfbox gewöhnt werden. Alle Dinge, die zur Geburt benötigt werden, sollten jetzt vorhanden sein. Fertig gewaschene Handtücher, ein Babykorb, eine Wärmflasche und eine Welpenwaage gehören wie Muttermilchersatz, Pipetten und Saugflaschen, Schere, Arterienklemme, Fieberthermometer, Nähfäden für den Nabel, Respirot-Tropfen und alle homöopathischen Mittel zur Grundausstattung.

Alle naturheilkundlichen Mittel für die Nachsorge sollten ebenfalls besorgt werden. Es ist immer ratsam, sich rechtzeitig mit dem Tierarzt abzusprechen. Auch ein guter Naturheiltherapeut kann im Falle eines Falles wichtige Unterstützung leisten. Vielerorts gibt es auch Tierhebammen, die mit Rat und Tat zur Seite stehen.

HOMÖOPATHIE FÜR DIE GEBURT UND AUFZUCHT

14 Tage vor der Geburt sollte der Hündin das Mittel Pulsatilla D6 2 x 5 Globuli täglich verabreicht werden. Es verhindert in der Regel schwere Geburten und Kaiserschnitte. Bachblütenmischungen bestehend aus Elm, Mimulus, Olive Walnut 2-4 x tgl. 5 Tropfen stimmen sanft auf die Geburt ein. Drei Tage vor der Geburt fördert die Gabe von Arnica D6

2 x 5 Globuli dann am Tag der Geburt den Heilungsprozess. Ca. 3 Tage vorher geben Sie der Hündin 2 x 2 Tabletten Traumeel. Das fördert den Lymphfluss und somit den Reinigungsprozess der Gebärmutter nach der Geburt. Zusätzlich fördert es eine schmerz- und schockfreiere Geburt. Im Hause haben sollte man auf jeden Fall Metrovetsan, für die Reinigung und Rückbildung der Gebärmutter, Lactovetsan für die Milchbildung und Verhinderung von einer Mastitis. Calcium Frubiase zur Wehenförderung und Eklampsie- Verhinderung sowie drei Mittel zur Wehenförderung: Caulophyllum D6, Secale D6 und Cimicifuga D6.

EINE WOCHE VOR DER GEBURT

Die meisten Hündinnen fangen ca. eine Woche vor dem Geburtstermin mit dem Probehecheln an. Kein Grund zur Sorge. Auch Scharren und Graben gehört auf einmal zu den Lieblingstätigkeiten vieler Hündinnen. Die Welpen sind nun deutlich zu spüren und Bewegungen deutlich sichtbar. Das Gesäuge füllt sich langsam. Das Hormon Relaxin wird freigesetzt und bewirkt, dass Bänder langsam erschlaffen und sich die Muskulatur entspannt. Der Bauch hängt jetzt viel tiefer.

Vor der Geburt muss die Hündin entwurmt werden. Die Anzahl der Entwurmungen variiert je nach Expositionsrisiko. Die Fenbendazol-Behandlung von trächtigen Hündinnen ab dem 40. Trächtigkeitstag ist gut verträglich, frei von Nebenwirkungen und ohne negative Auswirkungen auf den Trächtigkeitsverlauf oder die Entwicklung der Föten. Ich persönlich allerdings entwurme meine Hündin immer vor der Läufigkeit und dann in der letzten Woche der Trächtigkeit. Mir persönlich wäre das Abortrisiko durch die Kur durch evtl. Durchfälle bei Befall zu hoch. Deshalb warte ich damit, bis die Welpen eine gute Überlebenschance haben. Am Morgen des ca. 56./57. Tag entwurme ich. Einige Züchter machen einen Wurmchecktest beim Tierarzt und wiegen sich dann durch ein Negativergebnis in Sicherheit mit oft fatalen Folgen! Einige Würmer sind im Kot nicht zu finden und der Schein trügt.

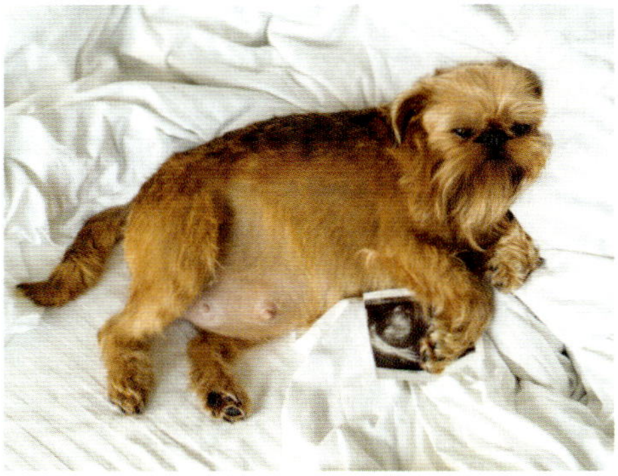

ENTWURMEN VOR DER GEBURT

Die meisten Hunde sind von Geburt an mit Rundwürmern infiziert. Fakt ist: Einige Rundwürmer werden zu 98 % bereits im Mutterleib auf Hundewelpen übertragen. Die Larven bestimmter Rundwürmer bei der Hündin wandern in die Muskulatur und kapseln sich dort ab. Diese „Ruhestadien“ werden unter besonderen Umständen immer wieder frei und befallen dann den Darm des Hundes. Besonders unter hormonellen Einfluss einer Trächtigkeit findet eine solche Aktivierung ruhender Stadien im Muttertier statt, die dann aus der Muskulatur in die Gebärmutter wandern und die ungeborenen Hundewelpen noch im Mutterleib infizieren. Spülwürmerlarven wandern z.B. in das Milchdrüsengewebe und warten, bis dieses aktiv wird. Die Welpen nehmen dann durch das Säugen die Larven auf.

Adobe Stock / Syda Productions, WavebreakmediaMicro, Вера Щербакова

Nicht alle Würmer und Larven werden durch diese Kur abgetötet, aber das Keimniveau bleibt auf einem so niedrigen Level, dass die Welpen bis zur 1. Entwarnung nach 2 Wochen auf jeden Fall auf der sicheren Seite sind. Die Todesrate von Saugwelpen in der 1. Woche liegt in der Natur bei 50%, meist verursacht durch Wurmbefall. Das sollte jedem Züchter klar sein. In der Natur nennt sich das natürliche Auslese, was Sinn macht und auch die verhältnismäßig große Anzahl der Welpen bei Geburt erklärt. Für uns Züchter gilt es, diese Sterberate zu verhindern.

DAS RÖNTGEN VOR DER GEBURT

Eine Röntgenaufnahme am 58. Tag bringt Aufschluss darüber, wie viele Welpenkinder geboren werden und ob die Köpfe durch das innere Becken passen. Auch

Querleger werden sichtbar. Was auch immer die Aufnahme aufdecken wird, sie sollte immer erst am

57./58. Tag gemacht werden. Einige Hündinnen sind so aufgeregt, dass sie unmittelbar nach der Aufnahme in die Geburt gehen. Ab dem 57./58. Tag ist man zumindest, was die Welpen betrifft, ziemlich auf der sicheren Seite.

Sollten sich durch die Aufnahmen Geburtsrisiken ankündigen, sind diese sorgfältig mit dem Tierarzt oder einem sehr erfahrenen Züchter oder aber einer Tierhebamme abzusprechen. Ist ein Kaiserschnitt nicht abzuwenden, ist darauf zu achten, dass dieser nicht einfach so eingeleitet wird, sondern die Hündinnen erst einmal in die Geburt geht. Dies ist für die Milchbildung und die Annahme des Wurfes sehr wichtig. Keine Hündin wird gern in Narkose gelegt und hat nach dem Aufwachen plötzlich ein paar Welpen an ihren Zitzen. Es ist zwischen Eröffnungsphase und Austreibungsphase viel Zeit, in eine größere Notfallklinik oder aber zu einem Tierarzt zu fahren. Im Vorwege sollten diese informiert werden und alle Formalitäten geklärt sein. Erfahrene Tierärzte lassen die Hündin sogar einige Pressversuche starten, ehe sie sie schlafenlegen.

VORBEREITUNG DER HÜNDIN AUF DIE GEBURT

Ebenfalls am 57./58. Tag sollten mit einer Schermaschine der Bauch und die Zitzen von Haaren befreit werden. Das hilft bei Komplikationen, z.B. evtl. beim Kaiserschnitt und auch die Welpenkinder haben es am Anfang mit dem Saugen leichter. Auch die Scham und der After sollten aus pflegerischen Gründen sehr kurz geschnitten werden. Für viele Hündinnen ist ein Kurzhaarschnitt für die Aufzucht ohnehin viel praktischer.
Ab dem 56. Tag sollte man die Hündin nicht mehr allein lassen. Viele Streicheleinheiten und Zeit miteinander schaffen einen perfekten Auftakt für die Geburt. Das Wunder des Lebens kann erneut beginnen.

05

DIE GEBURT

INTRO.

Der Tag der Geburt ist gekommen. Haben Sie vor diesem Prozess keine Angst. Sehen Sie die Geburt als natürlichen Vorgang. Unterstützen Sie Ihre Hündin durch naturheilkundliche und homöopathische Mittel, wo dies nottut und möglich ist. Mit dem Wissen über alle Eventualitäten sind Sie gut vorbereitet und wissen so, was auf Sie zukommen kann und was zu tun ist. Je besser Sie aufgeklärt und informiert sind, desto sicherer werden Sie sein und auch hier gilt wieder unser Motto: Vorsorge ist besser als Nachsorge.

AdobeStock: Evgenia Tiplyashina

5.1 GRUNDSÄTZLICHES ÜBER DIE GEBURT

Die Geburt lässt sich in drei Phasen einteilen: Vorbereitungsphase, Eröffnungsphase und Austreibungsphase. Genau genommen gibt es noch eine Nachgeburtsphase.

GUT ZU WISSEN:

Die Welpen können ab dem 58. Tag geboren werden und manche Hündinnen tragen bis zum 67. Tag. Diese physiologische Varianz erklärt sich zum einen, da das Intervall zwischen Deckzeitpunkt und Befruchtung der Eizellen nicht konstant ist. Zum anderen hängt die Tragzeit auch von Welpen und Wurfgröße ab. Kleinere Rassen haben eine kürzere Tragzeit als größere Rassen, und große Würfe fallen i.d.R. früher als kleine Würfe. Im Durchschnitt werfen größere Rassen am 63. Tag und kleinere um den 60. Tag herum.

Um die Zeit der Geburt einzugrenzen, nimmt man den letzten Tag des Deckakts. Weiß man, wann die Eier gesprungen sind und wann der Deckakt war, kann man die Geburt schon besser eingrenzen. Hier hilft ein Progesterontest vor der Belegung.

FIEBERMESSEN VOR DER GEBURT

Generell sollte man ab dem 56. Tag 3 Mal Fieber messen. Bei den meisten Hündinnen fällt die Körpertemperatur etwa 36 bis 24 Stunden vor der Geburt um etwa 1-2 Grad. Ermitteln Sie in der Trächtigkeitsmitte die Normaltemperatur Ihrer Hündin.

Aber auch diese Methode ist kein Garant: Manche Hündinnen haben keinen Abstieg der Temperatur oder aber man verpasst ihn in der Nacht und hat es nicht mitbekommen.

WANN GEHT ES LOS?

Das kann man leider überhaupt nicht genau sagen. Manche "Erfahrene" haben bereits die tollsten Sachen erzählt und sicher hundertprozentige Tipps erteilt, wonach die Geburtsstunde fast auf die Minute genau vorhersehbar ist. Alles Unfug! Keine Hündin reagiert wie eine andere, und selbst von Wurf zu Wurf ist das Verhalten "vorher" nicht identisch.

Überprüfen Sie immer das Wohl der Welpen und der Hündin.

Solange das in Ordnung ist, besteht kein Grund zur Sorge. Vielleicht haben Sie die gesamte Vorbereitungsphase über Nacht verschlafen und Ihre Hündin ist schon am Ende der Eröffnung. Vielleicht dauern die Phasen

auch einfach etwas länger. Ruhe ist hier erst einmal der beste Ratgeber.

Die auffälligsten ersten äußerlichen Anzeichen erkennt man im Absinken der Früchte.

Das ist das Signal: Wir sind fertig. War der Leib der Hündin gestern noch rundherum dick, bemerkt man, dass die Lendengegend eingefallen wirkt, während sich der Bauch, einem Kartoffelsack ähnlich, nach "unten" hin noch stärker rundet.

Wenn die Lendenpartie eingefallen ist, kann ungefähr mit der Geburt in ein bis drei Tagen gerechnet werden.

ES GEHT NICHT LOS

Ab dem 63. Tag überprüfe ich die Herztöne der Welpen und fühle, ob sie aktiv sind.

Ich messe die Temperatur der Hündin, um zu sehen, ob es ihr gut geht und überprüfe sorgfältig ihre Vitalfunktionen. Generell sollte man dann zur Kontrolle der Welpen einen Ultraschall machen lassen. Solange es den Welpen und der Hündin gut geht, besteht kein Grund zur Sorge.

Überprüfen Sie aber auch noch einmal folgende Kriterien: Ist die Hündin oft allein und wirft aus Angst nicht? Stalken Sie Ihre Hündin in Ihrer freudigen Erwartung so, dass sie keine Ruhe zum Werfen findet? Hat die Hündin einen geeigneten Platz zum Werfen? Lebt die Hündin im Rudel und fühlt sich nicht sicher, ihre Welpen abzuwerfen? Haben Sie große Angst vor der Geburt und Ihre Hündin hat das Gefühl von Unsicherheit? Eine wichtige Voraussetzung für einen ungestörten Geburtsablauf ist Ruhe und die gewohnte Umgebung. Stress und Unruhe in der Umgebung der gebärenden Hündin kann zur Verzögerung des Geburtsablaufes führen! Die Geburt sollte niemals ein Event werden, das stört die Hündin und auch der Geburtshelfer sollte die Hündin zuverlässig kennen und mögen.

Lazy_Bear Adobe Stock / luckybusiness,Drazen, Nataliia Makarovska, Evgenia Tiplyashina

Adobe Stock /Natalia

AUSLÖSER DER GEBURT

Durch verschiedene Faktoren wird die Geburt ausgelöst.

1. Hormonelle Steuerung: Es wird vermehrt Cortisol gebildet, welches die Östrogenwirkung unterstützt. Dadurch wird die Progesteronwirkung und -bildung gehemmt. Progesteron ist das sogenannte Gelbkörperhormon, das während der Trächtigkeit eben jene aufrechterhält. Das Absinken des Progesteronspiegels löst den Geburtsvorgang aus. Die steigende Östrogenkonzentration fördert die Geburt und lässt die Geburtswege schlaffer und weicher werden, sodass die Frucht diese leichter passieren kann. Dieser extreme Auf- und Abfall der Hormone bewirkt bei den meisten Hündinnen eine Übelkeit, sie stellen das Fressen ein oder erbrechen.

2. Geburtsgewicht der Welpen: Das Erreichen des Geburtsgewichts der Welpen ist ebenfalls ein Signal, welches den Geburtstermin beeinflusst. Sichtbar durch das Absinken der Früchte.

3. Auch der Druck des Welpengewichts und die Überdehnung der Plazenta gehören mit zu den Signalgebern, dass der Zeitpunkt der Geburt gekommen ist. Durch den Druck koten die meisten Hündinnen vor der Geburt häufig ab.

5.2 DIE VORBEREITUNGSPHASE

Zirka einen Tag vor der Geburt wird die Hündin unruhig und beginnt vermehrt zu hecheln. Einige fangen an, ihr Nest zu bauen oder graben wie wild in der Kiste rum. Ein Kissen mit Stroh gefüllt leistet für die Phase gute Dienste. Die Vulva schwillt an und der Zervixpfropf verflüssigt sich, sodass evtl. klarer Schleim aus der Vulva abgeht.

Führen Sie Ihre Hündin trotzdem an die Frischluft, aber leinen Sie sie an und nehmen Sie als Vorsorge eine Geburtsklemme, ein Handtuch und in der Dunkelheit eine Taschenlampe mit. So manch eine Hündin hat ihren ersten Welpen im Garten verloren oder ist aus Panik über aufkommende Wehen verschwunden. Es kann aber auch sein, dass ein Kaninchen ihren Weg kreuzt, glauben Sie mir, Ihre Hündin hat sehr schnell vergessen, dass sie sich in der Geburt befindet. Nicht alle Hündinnen sind in dieser Phase unruhig. Alsbald der Bauch nach unten abfällt, können Sie Ihre Hündin mit der Vergabe von Rescue Tropfen alle 3 Stunden 5 Tropfen ruhiger machen. Die Tropfen dämmen auch ein wenig den Schmerz ein. Bereits in dieser Phase gebe ich alle 5 Stunden Schüßlersalz Nr. 7, das lockert den Beckenboden und entkrampft. Ab jetzt bekommt die Hündin die Himbeerblätter nicht mehr als Kraut ins Fressen, sondern bis die Geburt fertig ist als Tee zum Trinken. Nimmt sie diesen nicht freiwillig, wird er in eine Spritze aufgezogen oder aber löffelweise verabreicht. Zu Fressen gebe ich leicht verdauliches hochwertiges Eiweiß, wenn die Hündin noch fressen möchte. Die Zitzen sind in der Regel geschwollen und die Vormilch schießt ein.

5.3 DIE ERÖFFNUNGSPHASE

In dieser Phase eröffnet die Hündin die Geburt. Sie kann sehr kurz sein, aber auch 6-12 Stunden dauern. Ihre Unruhe verstärkt sich, sie steht auf, legt sich wieder nieder, schaut zu den Flanken, evtl. ist leicht blutiger Ausfluss zu sehen.

Zervix, Vagina und Vulva erschlaffen und werden maximal dehnbar. Gleichzeitig finden Vorbereitungswehen statt, die von außen nicht sichtbar sind. Am Ende der Öffnungsphase befindet sich der erste Welpe im Geburtskanal. Viele Hündinnen wollen jetzt ständig raus, hecheln wie wild, ziehen sich apathisch zurück, setzen sich ständig auf ihr Hinterteil oder rennen los, um sofort wieder "nachzuschauen", was an ihrem hinteren Ende passiert. Bleiben Sie weiter ruhig, aber bemitleiden Sie Ihre Hündin auf keinen Fall. Die Sache mit dem vorbereiteten Wurflager kann unter Umständen zu Schwierigkeiten führen. Hat die Hündin sich einen anderen Platz ausgesucht und die Wehen haben bereits eingesetzt, wird sie penetrant versuchen, diesen Platz durchzusetzen. Lassen Sie sie. Umziehen ist immer noch möglich.

Im Wurfraum sollte es warm sein. Alle Materialien sollten bereit liegen. Geben Sie ihr neben den oben aufgeführten Mitteln in der Vorbereitungsphase zusätzlich eine halbe Calcium Frubiase Ampulle, aufgezogen in einer Spritze, ins Maul. Das treibt die Geburt voran. Nach Einsetzen der Presswehen, die deutlich am Leib der Hündin erkennbar sind und sich wellenartig schwanzwärts erstrecken, kann es noch gut bis zu zwei Stunden dauern, bis der erste Welpe geboren ist. Bemitleiden Sie Ihre Hündin nicht. Massieren Sie sie über dem Schwanzansatz, das mögen die meisten Hündinnen sehr gern.

5.4 AUSTREIBUNGSPHASE

In dieser Phase lassen sich die meisten Hündinnen sanft in ihre Wurfkiste setzen. Diese sollte mit mehreren Lagen Inkontinenz-Wegwerfunterlagen ausgelegt sein. So sickern Flüssigkeiten nicht in die unteren Schichten und man muss die nassen und blutigen Unterlagen nur noch unter der Hündin wegziehen.

Sobald die Hündin in regelmäßigen Abständen "drückt" und sich allmählich Veränderungen erkennen lassen, ist alles normal. Jetzt wird die Bauchpresse sichtbar.

NATURHEILKUNDLICHE GEBURTSHELFER

Denken Sie immer daran, der Hündin in der Austreibungsphase den Himbeerblättertee anzubieten. Die Schüßlersalze Nr. 1, 2 und 7 können aufgelöst in einer Spritze auch alle 1 -2 Stunden verabreicht werden. Das erleichtert die Geburt, wirkt entspannend und beugt einer Eklampsie vor. Zusätzlich kann alle 2-3 Stunden Traumeel als Tabletten in etwas Flüssigkeit aufgelöst werden. 5 Globuli Arnica D3 hilft, Geburtshämatomen entgegenzuwirken.

5.5 DER ERSTE WELPE KOMMT

Es ist normal, dass die Hündin sich währenddessen hektisch leckt, sich hin und her wirft oder aufsteht und sich wieder hinlegt. Das austretende Fruchtwasser kann zuerst wässrig und später auch blutig sein.

Lassen Sie sich nicht dadurch irritieren, dass der schon sichtbare Welpe während der Wehenpausen immer einmal wieder im Geburtskanal verschwinden kann – das ist normal. Gerade beim ersten Welpen kann die Hündin jaulen und schreien, seien Sie darauf gefasst. Loben Sie die Hündin für ihr tierisches Verhalten. Freuen Sie sich! In der Regel wird der erste Welpe innerhalb von zwei Stunden geboren. Ziehen Sie auf gar keinen Fall an der Fruchtblase. Unsachgemäß ausgeführt werden der Hündin nur Schmerzen zugefügt und der Welpe verletzt. Drücken Sie beim Pressen auch nicht auf dem Bauch herum. Helfen Sie Ihrer Hündin, indem Sie die Presswehen über den Rücken nach unten zur Scheide ausstreichen. Drücken Sie dabei leicht auf den äußeren Schamring. Der Welpe wird mit aller Kraft durch den Gebärmutterhals gepresst. Dabei hat es gerade der erste Welpe besonders schwer, da dieser die Öffnung erst ein wenig weitet.

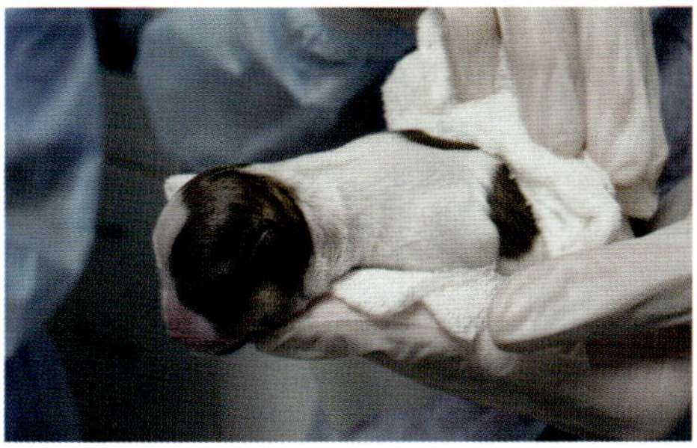

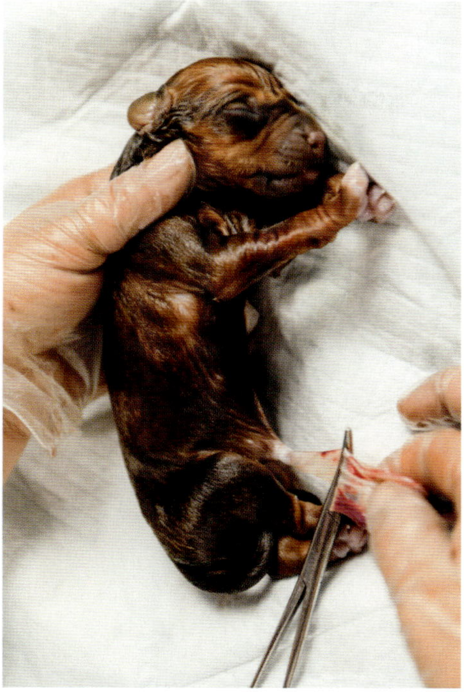

Adobe Stock / Александр Лебедько, olgagorovenko

WELPEN RICHTIG ABNABELN

Anders als beim Menschen spielt es keine so große Rolle, ob sich der Welpe in einer Hinterendlage befindet. Die Pfoten sind so angewinkelt, dass auch dieser Welpe leicht durch den Geburtskanal kommt. Ist der Welpe geboren, befreit ihn die Mutterhündin von der Fruchtblase und beißt mit ihren Backenzähnen die Nabelschnur durch. Danach wird er kräftig von der Hündin beleckt. Dies ist zum einen zur Säuberung gedacht, zum anderen regt dieses Lecken den Kreislauf an.

Ich verhindere das Zurückrutschen der Nabelschnur in die Scheide dadurch, dass ich die Nabelschnur ca. 3-4 cm vom Welpen entfernt mit einer Nabelklemme abklemme. Dann richte ich die Aufmerksamkeit der Hündin auf die Fruchthülle, in der der Welpe ist. Wenn die Hündin diese selbst noch nicht geöffnet hat, helfe ich, sie zu öffnen und mache das Welpenkind für die Mutter interessant. Die meisten Hündinnen fangen nun an, den Welpen zu belecken. Einige jedoch fressen begierig die Fruchthülle. Nun heißt es Obacht und schnell sein. Ich schneide die Nabelschnur hinter der Klemme Richtung Welpe dann ab, wenn die Plazenta noch nicht draußen ist. Das hat den Vorteil, dass die Nabelschnur nicht in die Scheide zurückrutscht, da die Klemme das verhindert und das Welpenkind vor weiteren wilden Abnabelungsversuchen geschützt ist. Mit einem Zwirn binde ich nun den Nabel ca. 5 mm - 1 cm vom Bauchnabel ab. Hier lieber etwas mehr, falls der Versuch nicht gelingt. Die Hündin wird ihre Aufmerksamkeit auf den Welpen richten. Die restliche Nabelschnur und den Zwirn schneide ich hinter dem Knoten ab. Manche Hündinnen fühlen sich nämlich gerade durch die Bindfäden und den Verbleib der Nabelschnur dazu genötigt, da noch einmal selbst nachzubessern. Ich behalte während der gesamten Zeit die Klemme im Blick. Es wäre ungünstig, die Hündin würde diese Plastikklemme fressen. Ist der Welpe abgenabelt, lege ich ihn der Hündin vor und versuche, sehr vorsichtig an der Nabelschnur zu ziehen, um zu sehen, ob die Plazenta hinaus zu befördern ist. Sie wird auf jeden Fall kommen, manchmal dauert es ein wenig. Auf keinen Fall mit Druck daran ziehen.

Durch die Geburt des Welpen wird die Plazenta gelöst. Sie enthält wichtige Hormone und Vitamine, die für die Hündin wichtig sind. Sie sind unter anderem wehen- und milchfördernd. Sieht sie allerdings sehr grün aus, sollte die Hündin diese nicht fressen. Eine Vergabe von Podophyllum C6 kann einen Durchfall nach dem Fressen der Plazenten verhindern.

Notieren Sie während der Geburt, ob alle Nachgeburten abgegangen sind. Falls eine in der Hündin verbleiben sollte, muss man nach der fertigen Geburt dafür sorgen, dass man der Hündin noch einmal ein Wehenmittel (z.B. Oxytocin) spritzt, welches den Abgang fördert. Spritzen Sie Oxytocin niemals während der Geburt. Es löst die Plazenten und die Welpen müssen dann auf die Welt geholt werden.

Rubbeln Sie den Welpen ordentlich trocken und saugen Sie mit einem Sauger Nase und Rachen etwas aus. Der Welpe selbst wird versuchen, so schnell wie möglich an die erste, wichtige Muttermilch zu gelangen. Noch nennt man die weiße Flüssigkeit, die aus den Zitzen kommt, Kolostrum. Ein tierisches Sekret, das reich an Antikörpern und Mineralstoffen ist. Es handelt sich jedoch um ein wahres Füllhorn an verschiedensten Inhaltsstoffen, welche in ihrer Dichte und Spezifität absolut einmalig sind.

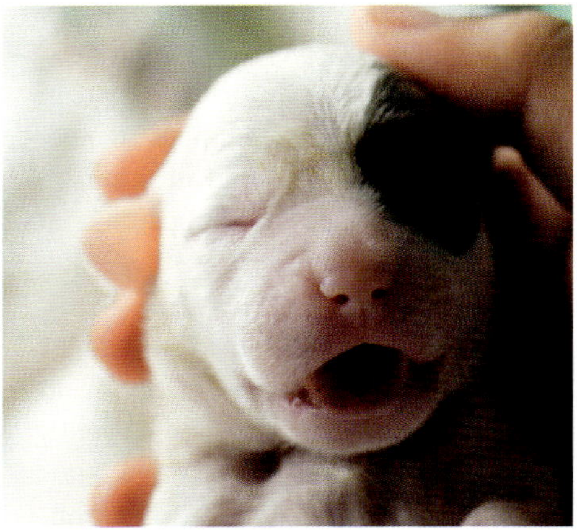
Adobe Stock /Unchalee, Alexey, oxinoxi, lobodaphoto

5.6 NORMALER GEBURTSVERLAUF

Nehmen Sie vorsorglich einen Welpenabsauger und saugen Sie noch einmal gründlich das Fruchtwasser ab. Sie sollten das nicht mit Ihrem Mund machen, da Sie zu viele Keime im Mund haben.

Alle Welpen werden nach der Geburt erst einmal durch die Hündin abgeschleckt. Das animiert zum Atmen. Ich achte darauf, wie der Welpe wirkt. Ist er prall, rund, warm und die Zunge rosafarben, lasse ich die Hündin erst einmal selbst machen.

Sind die Welpen abgenabelt, vollziehe ich vorsorglich mit jedem Welpen folgendes Prozedere: Ich halte den Welpen mit einer Hand gut fest und mit der anderen fixiere ich ihn im Nacken. Dann fixiere ich mit dem Zeigefinger zusätzlich seine Stirn. So gut fixiert halte ich den Welpen leicht kopfüber, kreise ein wenig und halte ihn dabei gut fest. Dann horche ich, ob der Welpe atmet und ob noch rasselnde Geräusche beim Atmen zu hören sind. Ist alles rosig, gebe ich den Welpen der Hündin.

Welpen, die nicht atmen, verabreicht man eine Gabe Camphora D1 oder eine Gabe Respirot-Tropfen. Manche Welpen brauchen noch einmal ein kräftiges Abrubbeln und eine kleine Herzmassage. Durch die Anstrengung rutscht ihnen manchmal der Kreislauf weg. Ist noch Fruchtwasser verblieben, reicht ein Tropfen Ammonium jodatum D6.

Oft kommen mehrere Welpen in kurzen Abständen von ca. 15 Minuten hintereinander, dann folgt eine bis zu 2-4 Stunden lange Pause. Länger sollte sie nicht dauern. Die Austreibung aller Welpen und Nachgeburten ist normalerweise nach 12 Stunden abgeschlossen.

Unterstützen Sie die Hündin während der Geburt mit den oben erwähnten Mitteln und helfen Sie den Welpen an die Zitze. Durch den Milchtritt wird der Milchfluss angeregt und die Geburt aufrecht erhalten.

HOMÖOPATHISCHE WEITERBEGLEITUNG UNTER DER GEBURT

Kommt der nächste Welpe, können Sie bei hektischen Hündinnen die schon geborenen Welpen in ein Wärmweidenkörbchen legen. Überprüfen Sie aber dort die Temperatur, sie sollte bei 37-38 Grad liegen. Die normale Geburt unterstütze ich mit 5 Tropfen Bachblütenmischung Elm, Crap Apple, Scleranthus, Rescue Remedy alle 30-60 Minuten. Das unterstützt die Hündin in ihrem Eifer, gibt Zuversicht und schafft Freude und Elan sowie Geduld. Zwischen den Wehen sollte man immer wieder Wasser anbieten, Traubenzucker oder etwas von dem Puppybooster First Kick gibt der Hündin schnelle Energie. Erscheinen die Welpen ohne erkennbares Geburtshindernis in zu langen Abständen, oder aber die Hündin liegt nicht mehr in den Wehen, hilft die Vergabe von Cimicifuga D6 1/4 stdl. je 5 Globuli, das aktiviert die Geburt und die Wehen. Hat die Hündin anfangs gepresst und dann allmählich aufgehört, hilft Caulophyllum D6 und Secale cornutum D6 ¼ stündlich im Wechsel je 5 Globuli. Das lässt die Wehen wieder aufleben und kräftiger werden. Sind einige Welpen geboren, die Hündin ist erschöpft und die Wehen lassen nach, hilft Caulophyllum D30 alle 20 Minuten 5 Globuli, die Wehen wieder anzuregen. Auch eine extra Vergabe von Calcium Frubiase oder der Gang an die frische Luft bringen die Geburt wieder in Gang. Denken Sie aber daran: Sie haben Zeit. Manche Hündinnen werfen ganz gemütlich alle 2 Stunden einen Welpen, da braucht man bei 8 Welpen schon Durchhaltevermögen.

Zeigen alle diese Mittel und Maßnahmen nach 2 Stunden keinen Erfolg, liegt höchstwahrscheinlich ein Geburtshindernis vor. Der Tierarzt sollte hinzugezogen werden. Sind alle Welpen geboren, stelle ich die Hündin auf die Hinterpfoten und taste mit kräftigem Griff den Bauch ab, ob noch ein Welpe in der Hündin ist. Zum Schluss bekommt die Hündin Cimicifuga D6 ¼ stdl. insgesamt 5 x, das befördert Nachzügler ans Licht der Welt.

5.7 DAS GEBURTSENDE

Nach abgeschlossener Geburt führe ich die Hündin nach draußen und gucke, dass sie sich lösen kann. Auf jeden Fall nehme ich vorsorglich eine Arterienklemme und ein Tuch mit, falls doch noch ein Welpe zum Vorschein kommt. Meistens stelle ich die Hündin danach in die warme Dusche und säubere sie von den Geburtsstrapazen und eventuell verteiltem Kot. Gut getrocknet geht es zurück zu den Welpen, die in der Zeit natürlich ins Wärmekörbchen kommen. Die Wurfkiste wird frisch ausgelegt,

Adobe Stock /spyrakot

der Hündin wird nach Beendigung 0,1 mg Oxytocin gespritzt. Dies fördert die Nachwehen, bringt verbliebene Plazenten nach draußen und fördert den Milcheinschuss. Das wiederhole ich nach 12 Stunden. Es wird tief in die Hinterhandmuskulatur gespritzt. Wenn ihnen diese Mittel von ihrem Tierarzt nicht zur Verfügung gestellt werden und sie sind sich sicher, dass noch Plazenten in der Hündin verblieben sind, rufen Sie den Tierarzt zu sich nach Hause und lassen Sie ihn das Mittel zu Hause spritzen. Zusätzlich hilft die Vergabe von Sabina D 6 und Pulsatilla D6 alle 4 Stunden 5 Globuli, 2 Tage lang, verbliebene Plazenten und Rückstände aus der Gebärmutter auszuleiten. Die Zeit zum Handeln beträgt 2-3 Tage. Dann schließt sich der Zervixkanal und die Rückstände sollten draußen sein.

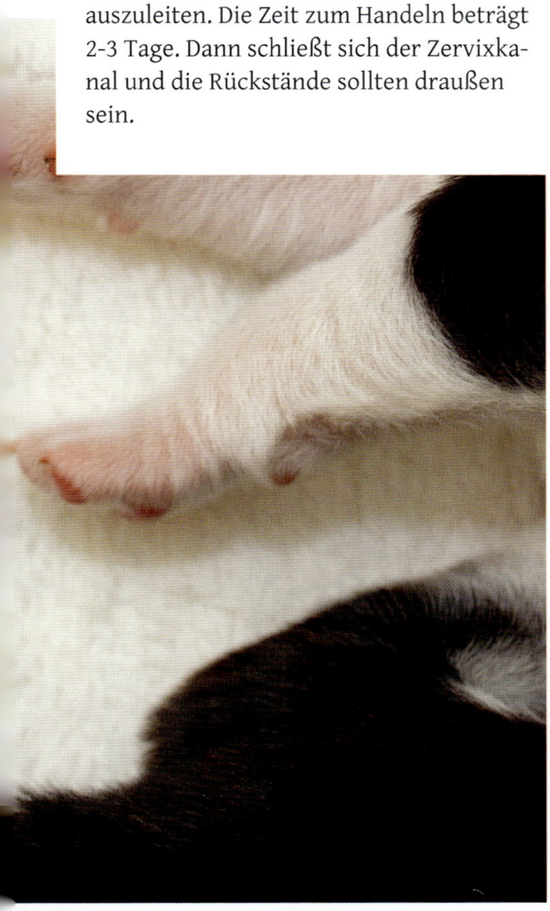

5.8 VERSORGUNG DER HÜNDIN NACH DER GEBURT

Die Hündin sollte nach der Geburt wie gewohnt gefüttert werden. Durch das Fressen der Plazenten ist die Hündin durch den hohen Nährstoffgehalt mit allen guten Dingen versorgt. Trotzdem wollen viele Züchter nach der Geburt Ihrer Hündin etwas Besonderes zum Fressen geben. Denken Sie aber bitte daran, dass es unangebracht wäre, durch ein Futter, was die Hündin nicht kennt und unter Umständen nicht verträgt, Irritationen im Magen- und Darmbereich auszulösen. Füttern Sie das gewohnte Futter und mischen Sie, wenn Sie dies unbedingt wollen, eine gute frische Bio-Rinderbrühe unter. Auch laktosefreier Hüttenkäse wäre eine kleine Ergänzung, die bestimmt willkommen ist und keine größeren Magen- und Darmprobleme verursacht.

Die Vergabe von Arnica D6, 3 x 5 Globuli am Tag und Himbeerblätter helfen zu heilen. Metrovetsan Tropfen 2 x 0,2 ml beugen einer Gebärmutterentzündung vor und Laktovetsan Tropfen 2 x 0,2 ml regen den Milchfluss an. Und wieder gilt: „Vorsorge ist besser als Nachsorge“, so werden Sie für alle Eventualitäten gut vorbereitet.

06

DIE GEBURTS-KOMPLIKATIONEN

INTRO.

Nichts ist schöner, als eine Hündin mit ihren frisch geborenen Welpen zu beobachten. Eine unkomplizierte Hundegeburt ist für jeden Hundebesitzer und immer noch auch für erfahrene Züchter etwas ganz Besonderes. Wer sich aber nach der Geburt in Sicherheit wiegt, hat seine Hausaufgaben nicht gemacht. Erfahrene Geburtshelfer wissen: Keine Geburt ist wie die andere und der Teufel schlummert meistens im Detail.

AdobeStock: sushytska

Es ist unablässig, dass man weiß, wann es Zeit ist, sich Hilfe durch einen Tierarzt zu holen. Schnelles Handeln ist erforderlich und möglich, wenn man sich mit dem Thema vertraut macht. Ich möchte daher etwas intensiver auf dieses Thema eingehen. Nicht um Angst zu schüren, sondern um zu informieren, damit Sie Herr der Lage sind und wissen, was zu tun ist. Ein verklärter Blick auf die Dinge hilft hier niemandem und vor allem nicht Ihrer Hündin. Geburtsproblematiken lassen sich schon bei der Belegung der Hündin entscheidend beeinflussen und somit verhindern. Das sollte man wissen. Wer das beherzigt, kann in der Regel positiv darauf einwirken und vieles ausschließen.

Adobe Stock / sushytska

6.1 HÄUFIGSTE GEBURTS-KOMPLIKATIONEN

- Die Hündin leidet unter Wehenschwäche und die Geburt geht gar nicht erst los.
- Der Welpe ist im Verhältnis zum Becken des Muttertieres zu groß, um dieses zu passieren.
- Das Becken des Muttertieres ist zu klein oder ungünstig geformt, sodass der Welpe nicht hindurch passt.
- Der Welpe verkeilt sich in den Geburtswegen, etwa weil er sich in einer ungünstigen
- Körperposition (Haltungs- oder Lageanomalien) befindet.
- Die Welpen sind tot und helfen nicht mit.
- Die Wehen sind nicht kräftig genug, um die Welpe aus dem Geburtsweg zu befördern (primäre oder sekundäre Wehenschwäche).
- Die Gebärmutter hat sich um die eigene Achse gedreht und behindert so einen normalen Geburtsablauf.
- Die Geburt dauert ohne sichtbares Hindernis zu lang.

6.2 VERHINDERUNG VON GEBURTSPROBLEMEN IN VOR- UND NACHSORGE

- Die Elterntiere sollten gesund und zuchtfähig in allen Bereichen sein, heißt u.a.:
- nicht übergewichtig, tierärztlich untersucht, keine Erbkrankheiten, etc.
- Ein großes Blutbild gibt vor der Belegung ein gutes Bild auf die Hündin. Zusätzlich sollte ein Vitamin B, Calcium und Kalium-Status erstellt werden. Defizite gerade in diesen Bereichen führen zu Komplikationen.
- Gute Rahmenbedingung in der Aufzuchtstätte. Dazu gehört auch eine gute physische als auch psychische Konstitution des Halters.
- Achtung Stress: Stress für die Hündin in der Trächtigkeit als auch in der Geburt ist die häufigste Ursache für Komplikationen.
- Kontrollröntgen am Ende der Trächtigkeit, um a) die Anzahl der Welpen zu sehen, auf diese Weise wissen Sie genau, wie viele Welpen und Plazenten herauskommen sollen, und Sie wissen sofort, ob ein Welpe feststeckt oder eine Plazenta zurückgeblieben ist und b) zu gucken, ob die Welpenköpfe durch das innere Becken passen.
- Unerfahrene Züchter sollten innerhalb von 24 oder 48 Stunden nach der Geburt einen Tierarzt kommen lassen.

Auf diese Weise kann Ihr Tierarzt sicherstellen, dass keine Plazentas oder toten Welpen zurückgehalten wurden.

- Die Hündin sollte nach der Geburt adäquat versorgt werden, Ruhe, gute Ernährung, Unterstützung durch Nahrungsergänzungsmittel und Naturheilkunde sowie öfteres sich Lösen können, stehen an erster Stelle.
- Die Hygiene spielt eine entscheidende Rolle. Das fängt u.a. bei der Versäuberung der Hündin an. Hochfrequentierte Hundeplätze sind wegen Keimübertragung während Trächtigkeit und Aufzucht zu meiden. Eine saubere Geburtskiste und Utensilien sind Pflicht.

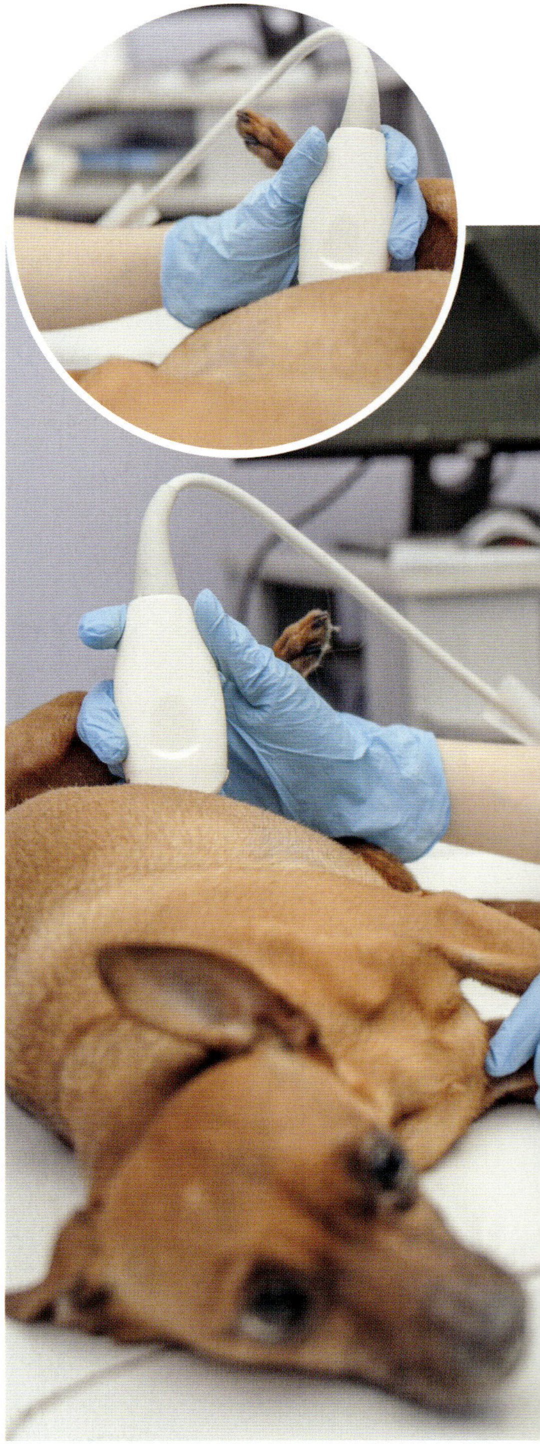

6.3 GEBURTSKOMPLIKATIONEN: AB WANN ZUM TIERARZT?

Gründe, die Hündin vor der Geburt einem Tierarzt vorzustellen Geburtskomplikationen fangen nicht erst mit dem Austreiben der Welpen an und hören auch nicht damit auf. Deshalb ist es wichtig, alle Komplikationen rechtzeitig zu erkennen und schnell zu handeln.

- Das Ende der Trächtigkeit, der voraussichtliche Geburtstermin ist erreicht, ohne dass ein Beginn der Geburt zu sehen ist.

Adobe Stock / Ermolaev Alexandr

- Es gibt 12 – 36 Stunden nach Abfall der Körpertemperatur der trächtigen Hündin kein Anzeichen für die Eröffnungsphase der Geburt (kurz vor der Geburt steigt die Körpertemperatur in der Regel wieder an).
- Es sind mehr als 12 Stunden seit dem Wiederanstieg der Körpertemperatur vergangen.
- Vor der Geburt des ersten Welpen tritt grüner Ausfluss bei der Hündin aus.
- Es ist vor mehr als 2 Stunden grünlicher Vaginalausfluss ausgetreten, ohne dass ein weiterer Hundewelpe geboren wurde.
- Die Hündin blutet stark.

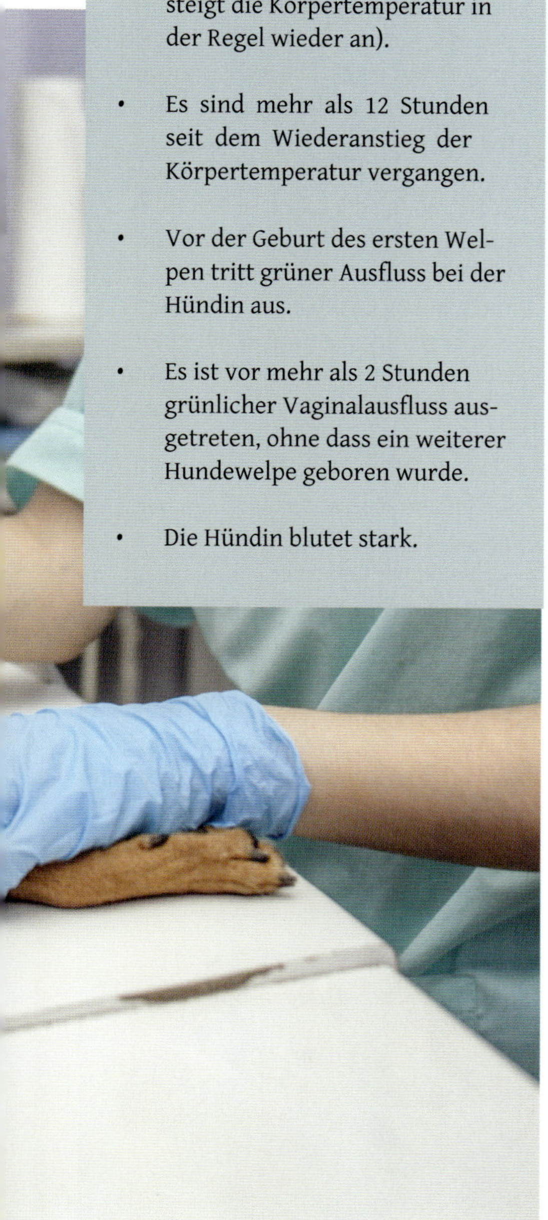

GRÜNDE, DIE HÜNDIN WÄHREND DER GEBURT EINEM TIERARZT VORZUSTELLEN

- Der Abgang des Fruchtwassers liegt mehr als 2-4 Stunden zurück, ohne die Geburt eines Welpen.
- Die Wehen der Hundemutter sind länger als 2-4 Stunden unregelmäßig und schwach.
- Die Austreibungsphase beginnt bei der Hündin nicht 6 – 8 Stunden nach der Eröffnungsphase.
- Es treten nach ca. 20 Minuten Presswehen nur Teile der Nachgeburt hervor.
- Die Presswehen der Hundemutter dauern länger als 30 Minuten an, ohne die Geburt eines Welpen.
- Es gibt 1-2 Stunden nach dem letzten Welpen keine Anzeichen für weitere aktive Wehen.
- Es sind seit der Geburt des letzten Hundewelpen mehr als 2-4 Stunden vergangen.
- Die Hündin befindet sich länger als 12 Stunden in der Phase, in der die Welpen geboren werden.

GRÜNDE, DIE HÜNDIN NACH DER GEBURT EINEM TIERARZT VORZUSTELLEN

- In einem Zeitraum von 6 Stunden nach der Geburt der Welpen sind noch nicht alle Plazenten geboren. Ein Tierarzt sollte Oxytocin spritzen. Das Zeitfenster, um Oxytocin zu spritzen, beträgt 48 Stunden, dann schließt sich die Gebärmutter.
- Die Hündin hat einen schlechten Allgemeinzustand.
- Die Welpen haben einen schlechten Allgemeinzustand.
- Die Hündin hat starke anhaltende genitale Blutungen.
- Die Hündin hat einen faulig riechenden und eitrigen Lochialfluss.
- Die Hündin zuckt, ist nervös, rastlos und ihr Gang ist steif oder hat epileptische Anfälle. All dies weist auf einen Kalziummangel (Hypokalzämie) hin.
- Die Hundemutter hat eine rektal gemessene Körpertemperatur von über 39,5°C
- Sie hat Fieber, fühlt sich unwohl, hat keinen Appetit, ist apathisch und interessiert sich nicht für ihre Jungen. Dies könnten Anzeichen einer Entzündung der Gebärmutter sein.
- Die Hündin presst noch immer, obwohl bereits alle Welpen auf der Welt sind.

6.4 DER KAISERSCHNITT

Die gefürchtetste Geburtskomplikation während der Geburt ist wohl immer noch der Kaiserschnitt. Obgleich man diesen eigentlich am besten vorbereiten kann und man sich am wenigsten davor fürchten muss.
Sicherlich, es erfordert eine besondere Betreuung der laktierenden Hündin und es erfordert in einigem ein bisschen mehr Geduld. Auch die recht hohen OP-Kosten sind sicherlich kein Vergnügen, aber mit guter Vorbereitung lassen sich die meisten Dinge trotzdem sehr gut bewältigen, die Hündin kann trotzdem säugen und wird die Welpen bei richtiger Handhabe auch nicht ablehnen. Was genau ist ein Kaiserschnitt? Tritt während der Geburt ein Problem auf, das sich nicht anders lösen lässt, entscheidet sich der Tierarzt für einen Kaiserschnitt. Hierfür wird die Mutterhündin in eine schonende Vollnarkose gelegt. Ist die Hündin sicher narkotisiert, wird der Tierarzt mit einem Schnitt ihren Bauch öffnen, um an die Gebärmutter zu gelangen.

KAISERSCHNITT

WARUM EIN KAISERSCHNITT?

- Die Jungtiere sind zu groß, um durch den Geburtsweg zu passen.
- Der knöcherne Geburtsweg ist zu eng.
- Bei einer Drehung der Gebärmutter und dadurch Verschluss des Geburtsweges.
- Es befinden sich Missbildungen an den Jungtieren, die eine normale Passage verhindern.
- Es kommt zu einem Geburtsstillstand (die Wehen sind zu schwach oder enden ganz), der sich nicht medikamentös beheben lässt.
- Das Muttertier ist stark geschwächt (durch z.B. eine zu lang andauernde Geburt).
- Die Welpen sind geschwächt.
- Die Föten sind abgestorben.

Adobe Stock / Yanukit

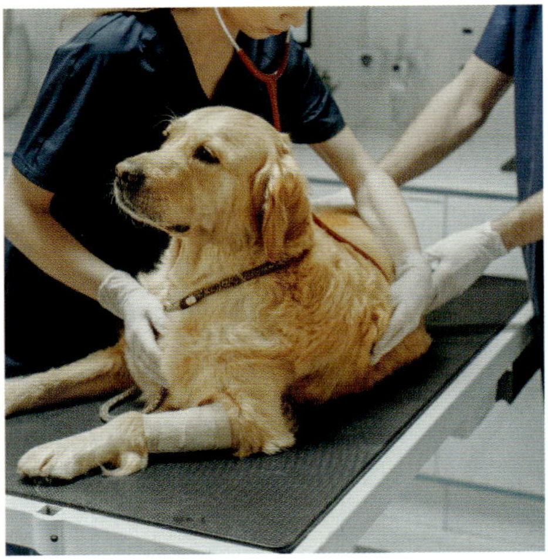

Adobe Stock / Przemyslaw Iciak, Gorodenkoff

VERHINDERUNG EINES KAISERSCHNITTES IN DER VORSORGE

Die Frage nun, ob man einen Kaiserschnitt von Anfang an verhindern kann, ist mit JEIN zu beantworten. Es gibt natürlich Rassen, die aufgrund ihrer körperlichen Konstitution eher prädestiniert sind, per Kaiserschnitt zu entbinden. Englische Bulldoggen leiden – wie Mops und französische Bulldogge - unter ihrer extremen Kurzköpfigkeit. Zusätzlich entspricht eine schmale Taille ihren Zuchtkriterien. Viele Welpen dieser Rassen werden meist mittels Kaiserschnitt auf die Welt gebracht, weil ihre dicken Köpfe nicht durch das schmale Becken passen. Gerade hier gilt es deshalb, alle zusätzlichen Kriterien zur Vermeidung streng einzuhalten.

Zur einfachsten Vermeidung eines Kaiserschnittes gehört die Prüfung eines Tierarztes und eines Zuchtrichters, ob sich das Tier zur Zucht eignet. Selbst eine zur Zucht zugelassene Hündin sollte, bevor sie belegt wird, von einem Tierarzt sorgfältig auf Geburtshindernisse untersucht werden.

Hatte die Hündin z.B. einen Beckenbruch, sollte man auf Grund von evtl. knöchernen Verwachsungen im Geburtskanal davon absehen. Dass sie sich auch konditionell eignet, soll hier auch erwähnt sein.

Bei der Verpaarung ist darauf zu achten, dass die Elterntiere in der Größe optimal zusammenpassen. Auch was die Groß- und Urgroßelterngenerationen betrifft. Gerade bei Hybriden wie Golden Doodle, Labradoodle, etc. ist besonders darauf zu achten. Wichtig bei der Verpaarung, um Kaiserschnitte zu vermeiden, ist auch die Genetik. Passen die Elterntiere genetisch zusammen oder sind Missbildungen vorprogrammiert?

Auch der richtige Deckzeitpunkt ist sehr entscheidend, um Einlings- oder Zweilingsträchtigkeiten zu verhindern. Diese Welpen haben zu viel Platz zum Wachsen, sodass sie meistens zu groß sind, um durch den Geburtsweg zu passen.

Auch eine sachgemäße Behandlung der trächtigen Hündin sorgt dafür, eine reibungslose Geburt zu fördern. Raue Spiele,

Sport, zu hohe körperliche als auch psychische Belastung gilt es gänzlich zu vermeiden, da es zum Absterben der Föten führen kann. Auch eine unsachgemäße Fütterung kann dazu führen, dass es zu Missbildungen oder aber toten Föten kommen kann. Föten, die absterben, treiben die Geburt nicht voran, helfen nicht mit, die Folge ist dann leider oft der Kaiserschnitt.

Die Hündin sollte einen geeigneten Wurfplatz haben und die Geburt kein Familienevent werden, heißt: Ruhe und Sicherheit verhindern, dass die Hündin die Geburt unter- oder abbricht. Ein Röntgenbild am 57./58. Trächtigkeitstag kann darüber Ausschluss geben, ob alle Köpfe durch das innere Becken passen. Ob ein Kaiserschnitt nun abzusehen ist, oder aber unter der Geburt notwendig wird, gut vorbereitet, wird alles halb so wild werden.

EIN KAISERSCHNITT WIRD NOTWENDIG

Wichtig ist, dass man weiß, wo der Kaiserschnitt stattfinden soll. Ist er absehbar, weil ein Geburtshindernis im Röntgenbild sichtbar ist oder aber es zu einem Notfall kommt, erkundigen Sie sich vorher, welcher Tierarzt wann offen hat und wer Ihnen weiterhelfen kann.

Sollten sich also vor der Geburt Geburtsrisiken ankündigen, sind diese sorgfältig mit dem Tierarzt, einem sehr erfahrenen Züchter oder aber einer Tierhebamme abzusprechen. Ist ein Kaiserschnitt nicht abzuwenden, ist darauf zu achten, dass dieser nicht einfach so eingeleitet wird, sondern die Hündin bestenfalls erst einmal in die Geburt geht. Dies ist für die Milchbildung und die Annahme des Wurfes sehr wichtig. Keine Hündin wird gern in Narkose gelegt und hat nach dem Aufwachen plötzlich ein paar Welpen an ihren Zitzen. Es ist zwischen Eröffnungsphase und Austreibungsphase viel Zeit, in eine größere Notfallklinik oder aber zu einem Tierarzt zu fahren.

Im Vorwege sollten diese informiert werden und alle Formalitäten geklärt sein. Erfahrene Geburtshelfer lassen die Hündin sogar einige Pressversuche starten, ehe sie sie schlafenlegen.

Wichtig ist, dem OP-Team eine sterile Box zu geben und darum zu bitten, die Plazenten mitzugeben, die Hündin wird diese zu Hause mehr als gern fressen.

Das Fressen der Plazenta fördert den Milchfluss.

Rechtzeitig vor der Geburt sollte also der Kaiserschnittnotfallplan geschrieben werden und alle Utensilien bereitstehen. Angst und Hektik lassen einen viel vergessen. Der Tank sollte gefüllt und ein Fahrer organisiert sein. Ein Weidenkorb mit Deckel und eine innen liegende Wärmflasche plus Handtuch sorgen für den sicheren Transport bereits geborener Welpen oder der Welpen für den Rücktransport. Eine große Trage-Box, evtl. ein Wäschekorb oder eine ausgelegte gerade Liegefläche sorgen dafür, dass die Hündin auch während der Autofahrt, falls notwendig, werfen kann. Schere und Klemme liegen im Notfallset parat.

BETREUUNG DER HÜNDIN NACH DEM KAISERSCHNITT IN DER KLINIK

Die Hündin sollte vor und nach dem Kaiserschnitt einige naturheilkundliche Mittel bekommen, die es ihr erleichtern werden, alles besser zu überstehen, ihre Welpen anzunehmen und wenig Schmerzen zu haben. Wichtig ist, dass sie nach dem Kaiserschnitt an einen Tropf kommt und der Tierarzt ein ausreichendes Antibiotikum als auch Schmerztropfen mit gibt. Tropfen sind besser als Tabletten, da diese direkt mit Hilfe einer Pipette oder Spritze in das Maul gegeben werden können. Beides sollte der Hündin in ausreichender Form gegeben werden! Die Angst vor Medikamentenvergabe ist hier unangebracht!

Das Risiko einer Entzündung ohne eine Antibiose ist immens und Schmerzen beim Laktieren bewirken oft die Nichtannahme der Welpen.

VERSORGUNG DER HÜNDIN NACH DEM KAISERSCHNITT ZU HAUSE

Zuhause angekommen wird die Hündin ruhig umgebettet, die Welpen werden gleich an die Zitzen gelegt, es ist aber unbedingt darauf zu achten, dass sie warm genug sind. Sind sie zu kalt und trinken sie die Vormilch, kann es zu einer Magendrehung kommen. Das wäre das Ende. Die Hündin sollte die Plazenten fressen. Mag sie diese noch nicht, werden diese in die Kühlung gestellt und im Ofen vor dem nächsten Versuch angewärmt. Silberwasserspray wird die Wunde in den nächsten Tagen optimal versorgen und die Hündin wird keinen Juckreiz verspüren. Das Pflaster ist spätestens am nächsten Tag zu entfernen. Sollte es die Zitzen verdecken, kann es gleich gelöst werden. In der Regel wird gar kein Pflaster mehr geklebt. Die Hündin sollte die nächsten Tage besonders viel trinken. Es leitet Giftstoffe über die Niere aus. So lagert sich nichts im Gewebe an. Auch die Lymphe arbeitet so besser, sodass das genähte Gewebe im Bereich der Zitzen besser durchblutet wird und alles in den Fluss kommen kann. Fleischsuppe eignet sich hervorragend und wird gern genommen.

VERSORGUNG DER WELPEN BEIM KAISERSCHNITT

Oft werden die Welpen schon ohne die Hündin den Besitzern ausgehändigt oder aber bereits geborene Welpen gehen nicht mit in die OP. Alsbald werden die Welpen Hunger bekommen. Eine Ersatzmilch wäre in dieser Situation sehr umständlich und auch eher schwer umsetzbar. Erwerben Sie vor der Geburt einen sogenannten Puppybooster. Eine geringe Menge reicht und der Welpe ist die nächsten Stunden abgedeckt. Oberstes Gebot für die Welpen: Sie dürfen nicht kalt werden. Da sie ihre Temperatur noch nicht selbst halten können, ist eine Wärmflasche unablässig. Besser natürlich ein Heizkissen. Die Wärmflasche kühlt schnell ab und das Heizkissen lässt sich anschließen. Es gibt schon praktische Heizkissen mit einem Akku, da ist man dann auch auf der Rückfahrt sicher.

Adobe Stock / Friends Stock, Olena

6.5 EKLAMPSIE

Oft unerkannt und nicht bekannt: die Eklampsie. Das ist fatal, weil ein Nichteingreifen recht bald zum Tod der Hündin führt.

Die Eklampsie wird auch als Geburtskrampf bezeichnet. Was irreführend ist, weil es auch während der Trächtigkeit und gerade auch in der Laktationszeit zur Eklampsie kommen kann.

Bereits vor, während oder auch nach der Geburt (akuteste Gefahr besteht in der 3. und 5. Säugewoche), kann diese Störung auftreten.

Bei der Eklampsie, auch Milchfieber genannt, handelt es sich um eine Stoffwechselstörung der trächtigen Hündin, die durch Kalziummangel hervorgerufen wird. Betroffen sind vor allem und sehr häufig kleinere Hunderassen. Aber auch größere Hunderassen mit einem gestörten Stoffwechsel werden davon heimgesucht. Beobachtungen ergaben, dass Mütter mit großer Welpenanzahl eher zu einer Eklampsie neigen, als Hündinnen, die weniger Welpen zu säugen haben, was an der größeren Milchentnahme liegt und somit die Hündin schneller in den defizitären Bereich rutschen kann. Jüngere Hündinnen unter 6 Jahren scheinen eher betroffen als ältere.

Aber nicht nur eine hohe Milchleistung führt in eine Eklampsie.

Hysterische Hündinnen, die sich aus unerfindlichen Gründen regelrecht in einen Geburtskrampf steigern, sind prädestiniert hierzu. Es ist also im Vorwege zu checken, ob die Hündin zu diesen Typen gehört, ob sie an einer Stoffwechselstörung leidet und auch, ob es in der Linie häufig zu Eklampsien kam.

VERMEIDUNG EINER EKLAMPSIE IN DER VORSORGE

Auch hier sind ausreichende Untersuchungen und die richtige Vorbereitung der Hündin entscheidend, ob sie unter dieser Störung leiden wird. Unzureichende Ernährung und mangelhafte Kondition fördern diese Erkrankung. Es ist wichtig, vor der Belegung und im letzten Drittel der Trächtigkeit einen Calciumstatus per Bluttest zu machen. Gut wäre ergänzend die Information über Vitamin D und Mineralstoffhaushalt, um ggf. zufüttern zu können. Einfach im hohen Maße zuzufüttern ist kontraproduktiv und gefährlich. Es kann genau das Gegenteil bewirken und fruchtschädigend sein. Auf jeden Fall sollte prophylaktisch immer ein gutes Welpenfutter im letzten Drittel der Trächtigkeit und während der Aufzucht an die Hündin verfüttert werden. Dies fördert die gute Rundumversorgung. Ruhe und Geborgenheit während der Trächtigkeit, Geburt und Aufzucht wirkt dieser Erkrankung maßgeblich entgegen. Stress ist ein häufiger Auslöser einer Eklampsie. Das prophylaktische Messen der Temperatur gibt oft Aufschluss über eine drohende Eklampsie und ist daher unumgänglich.

Adobe Stock /Lazy_Bear,Dan,Julija

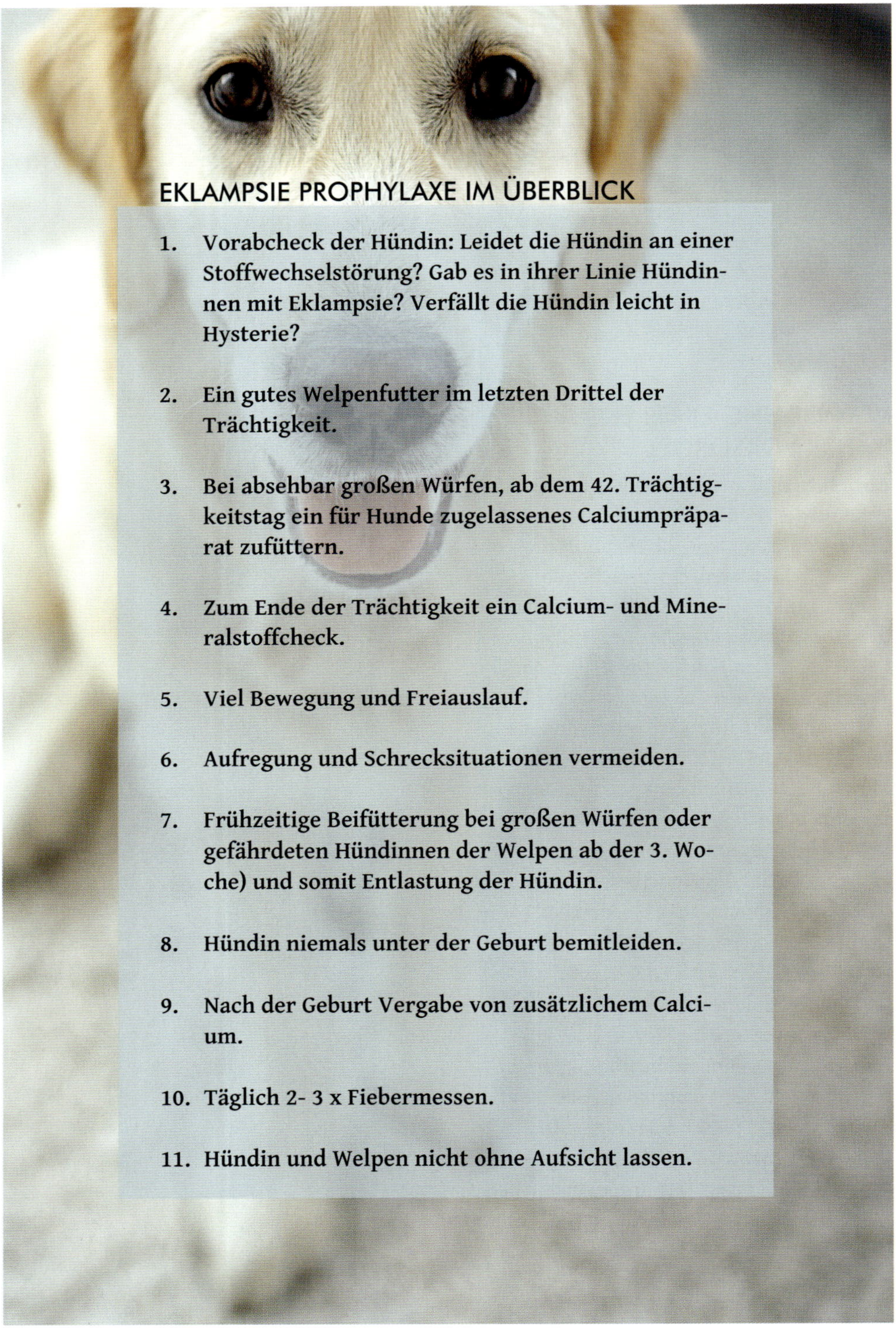

EKLAMPSIE PROPHYLAXE IM ÜBERBLICK

1. Vorabcheck der Hündin: Leidet die Hündin an einer Stoffwechselstörung? Gab es in ihrer Linie Hündinnen mit Eklampsie? Verfällt die Hündin leicht in Hysterie?

2. Ein gutes Welpenfutter im letzten Drittel der Trächtigkeit.

3. Bei absehbar großen Würfen, ab dem 42. Trächtigkeitstag ein für Hunde zugelassenes Calciumpräparat zufüttern.

4. Zum Ende der Trächtigkeit ein Calcium- und Mineralstoffcheck.

5. Viel Bewegung und Freiauslauf.

6. Aufregung und Schrecksituationen vermeiden.

7. Frühzeitige Beifütterung bei großen Würfen oder gefährdeten Hündinnen der Welpen ab der 3. Woche) und somit Entlastung der Hündin.

8. Hündin niemals unter der Geburt bemitleiden.

9. Nach der Geburt Vergabe von zusätzlichem Calcium.

10. Täglich 2- 3 x Fiebermessen.

11. Hündin und Welpen nicht ohne Aufsicht lassen.

Auch eine noch so gelassene Hündin kann unter der Geburt zu Hysterie neigen. Wenn Sie unter der Geburt ein hysterisches Verhalten bemerken, bleiben Sie ruhig und besonnen, aber lassen Sie Ihrer Hündin dieses Verhalten nicht durchgehen. Zuspruch und Bekümmerung werden sie weiter in die Hysterie treiben. Eine ordentliche Ansage wirkt meistens wahre Wunder. Liebe, gute Worte, Beruhigung und Streicheleinheiten sind vergebene Liebesmühe. Je mehr Sie die hysterische Hündin umsorgen, umso mehr wird sie sich in ihre „Indisponiertheit" hereinsteigern. Sagen Sie ziemlich laut und sehr bestimmend: „Schluss jetzt! Aus!" Sie werden erst milder mit der Hündin, wenn diese normal wird! Die Vergabe von Rescue Tropfen alle 15 Minuten und eine einmalige Vergabe von Hypericum C 30 zeigen ebenfalls eine rasche Wirkung.

SYMPTOME EINER EKLAMPSIE

Die ersten Hinweise auf eine Eklampsie sind eher unspezifisch und nicht leicht zu erkennen. So verhält sich die betroffene Hündin mitunter unruhig, nervös oder ängstlich. Manche Tiere "fiepen" vermehrt und atmen auffallend rasch. Als weiteres Symptom im Anfangsstadium der Eklampsie kann zudem Muskelzucken auffallen. Schreitet die Krankheit weiter, versteift sich die Muskulatur und es treten zuckende Muskelkrämpfe auf. Die erkrankte Hündin kann nicht mehr stehen oder gar herumlaufen, ist jedoch bei Bewusstsein. Meistens besteht gleichzeitig Fieber, wobei der Puls und die Atmung deutlich beschleunigt sind. In einigen Fällen leiden betroffene Tiere auch an Erbrechen und Durchfall.

Adobe Stock /Victoriya Bulyha, Ievgen Skrypko

BEHANDLUNG EINER EKLAMPSIE

Der Tierarzt wird die Hündin an den Tropf hängen. Die Behandlung sieht eine Calciuminfusion vor. Auch wird sie ein Beruhigungsmedikament bekommen. Dies ist sehr wichtig und unbedingt zu verabreichen.

Dass die Hündin an diesem Tag für mehrere Stunden Säugepause hat, versteht sich von selbst. Um keinen Stau zu riskieren, sollte sie 2-3 Mal tgl. kurz abgesaugt werden. Manche Hündinnen haben einen so niedrigen Calciumspiegel, dass es nicht ratsam ist, die Welpen überhaupt wieder anzulegen. Es wird dann ein milchstoppendes Mittel verabreicht und die Welpen müssen mit der Hand aufgezogen werden. Die Hündin sollte sofort wieder zu ihren Welpen, allerdings mit Langarmbody, damit die Welpen nicht unkontrolliert saugen können.

Adobe Stock / Przemyslaw Iciak

Die Vergabe von Schüßlersalz Nr. 1, 2, und 7 in einer D4 3 x 2 am Tag und Calcium Phosphoricum D6 und China D6 6 x tgl. im Wechsel 3 x 5 Globuli hilft, zusätzlich den Mangel auszugleichen und einem Rückfall evtl. vorzubeugen.

Zu Rückfällen kann es besonders nach dem 2. Tag kommen. Sobald die Hündin wieder säugt, ist sie durch die Behandlung durch den Tierarzt erst einmal geschützt. Es könnte sinnvoll sein, die Hündin alle 2-3 Tage erneut beim Tierarzt behandeln zu lassen, so kann sie ihre Welpen selbst versorgen und ist so ziemlich auf der sicheren Seite. Sollte sie allerdings trotzdem einen Rückfall erleiden, muss man sie vom Säugen abziehen.

Für den Notfall sollte immer ein Eklampsie-Set bereitstehen. So kann man schnell eingreifen.

TRANSPORT ZUM TIERARZT WÄHREND EINER EKLAMPSIE

- **Tierarzt informieren, dass man kommt**
- **Set besteht aus:**
  - *Geschirrhandtuch, Tasse oder Plastikschüsselchen, 2 Ampullen Calcium Frubiase*
  - *Trinkampullen, 1 Kanüle*

Die Hündin sollte, wenn es irgend geht, nicht allein gefahren werden. Zur Not sollte ein Taxi genommen werden. Die Hündin ist auf den Schoß zu legen. Niemals in einer Box unterbringen.

Das Geschirrhandtuch wird unter den Kopf gelegt und zwar so, dass ein ausreichendes Stück Handtuch an der Seite des Kopfes zur Verfügung steht.

Dieses Stück Handtuch wird zusammengerollt und der Hündin zwischen eine Backzahnseite gesteckt, so wird die Hündin beim Krampf sich nicht auf die Zunge beißen. Eine unentwegte Vergabe von Calcium Frubiase in Form von Tropfen ins Maul, verschafft wertvolle Zeit. Erfahrene Personen verabreichen der Hündin ebenfalls Rescue Tropfen, damit die Hündin ruhiger wird.

6.6 METRITIS

WAS IST EINE METRITIS?

Eine Metritis ist eine Entzündung der Gebärmutter aufgrund einer bakteriellen Infektion, die normalerweise innerhalb einer Woche nach der Geburt eines Hundes auftreten kann. Natürlich ist eine Metritis aber auch während der Trächtigkeit möglich. Die Bakterien, die am häufigsten für eine Infektion der Gebärmutter verantwortlich sind, sind gramnegative Bakterien wie Escherichia Coli, die sich oft ins Blut ausbreiten und eine Blutinfektion verursachen. Die Infektion kann zur Sterilität führen, und wenn sie unbehandelt bleibt, kann ein septischer Schock, ein tödlicher Zustand, folgen.

AUSLÖSER EINER METRITIS

Sowohl ein nicht intaktes Immunsystem als auch die Übertragung von Bakterien durch z.B. den Rüden können eine Rolle spielen. Eine schwierige Geburt, eine verlängerte Geburt, eventuell mit großem Wurf, unsachgemäße Geburtshilfe und/oder Manipulation, abgestorbene oder zurückgebliebene Föten oder Plazenten, ein natürlicher oder medizinischer Schwangerschaftsabbruch, eine Fehlgeburt, unsachgemäßes Tragen der Hündin nach der Geburt sowie natürliche oder künstliche nicht sterile Befruchtung können durch Verletzung der Gebärmutter dazu führen, dass sie sich letztendlich entzündet.

SYMPTOME EINER METRITIS

Zu den Symptomen zählen Fieber, Lethargie, Appetitlosigkeit, übelriechender Ausfluss, Dehydration, schneller Herzschlag, Keuchen, Erbrechen und Durchfall. Aber auch Depressionen und Nichtbekümmerung der Welpen können ein Anzeichen sein.

DIAGNOSE

Bei den kleinsten Anzeichen einer Metritis ist der sofortige Besuch beim Tierarzt von Nöten. Auf keinen Fall sollte hier abgewartet werden, ob die Symptome wieder verschwinden. Das Zeitfenster, in dem eine Kultur von aeroben und anaeroben Bakterien angelegt werden kann, um ein spezifisches Antibiotikum einsetzen zu können, ist begrenzt. In der Regel macht der Tierarzt ein komplettes Blutbild, wird durch Röntgen und Ultraschall gucken, ob Föten, Plazenten oder übermäßige Flüssigkeitsansammlungen vorhanden sind. Außerdem wird eine Probe des Vaginalausflusses für eine mikroskopische Untersuchung entnommen. Eine Kultur der Abstriche wird angelegt. Abgedeckt werden sollte die Hündin immer durch ein Breitbandantibiotikum.

BEHANDLUNG EINER METRITIS

Eine Metritis muss mit einer Antibiose abgedeckt werden. Sie kann immer n a t u r heilkund lich unterstützt werden, im Allgemeinen sind es genau die naturheilkundlichen Mittel, welche die Hündin prophylaktisch gegen eine Metritis einnehmen sollte (u.a. Himbeerblätter, Metrovetsan).

> Eine bestehende Metritis ausschließlich naturheilkundlich zu behandeln, ist in meinen Augen grob fahrlässig. Selbst eine medizinische Behandlung kann nicht immer verhindern, dass die Infektion zu einer allgemeinen Bauchinfektion und einem Gebärmutterriss fortschreitet. Die Gefahr, dass die Hündin an einer Sepsis stirbt, ist groß.

Die Hündin wird, wie erwähnt, vorerst mit einem Breitbandantibiotikum behandelt werden, bis die Ergebnisse der Bakterienkultur und der Empfindlichkeitstests aus dem Labor zurückkommen; je nach den Ergebnissen der Tests wird der Tierarzt Ihre Hündin auf das Antibiotikum umstellen, das am besten geeignet ist, um die Bakterien zu eliminieren, die die Infektion verursachen. Ein Lösungsansatz ist die Kastration der Hündin. Diese Lösung ist besonders dann angebracht, wenn Föten oder Plazenten in der Gebärmutter zurückgeblieben sind, wenn die Gebärmutter gerissen ist oder wenn die Gebärmutter stark infiziert ist.

Säugt die Hündin und es handelt sich um einen sehr leichten Verlauf, kann die Hündin trotz Antibiose weiter säugen. In den meisten Fällen ist es aber angebracht, ihre Welpen mit der Hand aufzuziehen, um eine Übertragung der Infektion über die Milch zu verhindern. Es sollte gut überlegt werden, die Hündin erneut zur Zucht einzusetzen.

VERHINDERUNG EINER METRITIS IN DER VORSORGE

Durch gute Vorsorge kann ich eine Metritis fast ausschließlich verhindern.

Eine gute häusliche Grundhygiene und eine gesunde Hündin sind die ersten Voraussetzungen zur Vermeidung von Entzündungen. Auch eine artgerechte Geburts- und Aufzuchtstätte ist ebenfalls die Grundvoraussetzung, dass keine Komplikation entstehen. Ein Blutbild und der vaginale Abstrich vor der Belegung gibt Aufschluss über die Gesamtsituation der Hündin. Die berühmten Himbeerblätter ab Läufigkeit bereiten die Gebärmutter optimal vor und schützen sie vor Entzündungen. Auch die Wahl des Rüden ist wichtig, schmuddelige ungepflegte Gesellen sollten lieber nicht für die Belegung in Frage kommen. Auch unzureichende Fütterung in der Trächtigkeit führt zu Mangelerscheinung im Immunsystem und kann Entzündungen begünstigen. Die Hündin sollte, um Aborte zu verhindern, in der Trächtigkeit weder unsachgemäß getragen oder aber zu ruppigen Spielen animiert werden. Bewegung ja!

Sport nein! Unerfahrene sollten niemals in den Geburtskanal greifen oder aber die Geburt in irgendeiner Weise manipulieren. Holen Sie sich einen erfahrenen Geburtshelfer oder fahren Sie rechtzeitig in der Geburt zum Tierarzt, wenn es zu Komplikationen kommt, die über das normale Zeitfenster hinausgehen.

Adobe Stock /Roberto

Ein Geburtshindernis gehört immer in erfahrene Hände, um so u.a. einer Metritis vorzubeugen.

Hat die Hündin eine Fehlgeburt, gehört sie immer in die Obhut eines Tierarztes, der guckt, ob alle Früchte abgegangen sind. Prophylaktisch leistet eine Antibiose mit anschließendem Darmaufbau gute Dienste. Zusätzlich sollte sie auf jeden Fall 7 Tage lang Arnica D6 3 x 5 Globuli und Metrovetsan 2 x täglich 0,1 ml bekommen, für 2 Wochen einen halben Teelöffel Himbeerblätter und Hanföl 1/2 Teelöffel ins Fressen.

Eine lange oder schwierige Geburt mit starken Presswehen wird anschließend mit Traumeel 3x tgl. 2 Tabletten begleitet. Traumeel hilft auch prophylaktisch in der Vergabe ab Geburtsbeginn alle 4 Stunden, 2 Tabletten. Hämatome werden somit verhindert oder aber sehr vermindert.

Es sollte akribisch darauf geachtet werden, ob alle Nachgeburten ausgeschieden werden. Ist man unerfahren und sich nicht sicher, lieber einmal mehr den Tierarzt konsultieren und einen Ultraschall machen lassen. Sicherlich für die Hündin nervlich eine kleine Herausforderung, aber mit der

Einnahme von Rescue Tropfen vor dem Besuch, während und hinterher, wird sie das alles leichter hinnehmen.

Ein Muss ist die Vergabe von Oxytocin. Dieses Mittel spritzt in der Regel der Tierarzt. Dies fördert die Nachwehen, bringt verbliebene Plazenten nach draußen und fördert den Milcheinschuss. Das wiederhole ich nach 12 Stunden. Zusätzlich hilft die Vergabe von Sabina D 6 und Pulsatilla D6 alle 4 Stunden 5 Globuli, 2 Tage lang, verbliebene Plazenten und Rückstände aus der Gebärmutter auszuleiten. Die Zeit zum Handeln beträgt 2-3 Tage. Dann schließt sich der Zervixkanal und Rückstände sollten draußen sein. Ist man sich nicht sicher oder sieht sogar im Ultraschall, dass Nachgeburten in der Gebärmutter verblieben sind, muss der Tierarzt entscheiden, ob eine Antibiose prophylaktisch eingesetzt das Mittel der Wahl ist. Sollten abgestorbene Welpen sichtbar werden, ist eine OP nicht abwendbar und immer noch die bessere Alternative zur unkontrollierten Metritis. Die Hündin wird in der Regel weiter säugen können.

Arnica D6, 3 x 5 Globuli am Tag und Himbeerblätter helfen zu heilen. Metrovetsan Tropfen 2 x 0,2 ml beugt einer Gebärmutterentzündung vor. Die letzten drei Mittel sollten prophylaktisch bis zum Ende der Säugezeit gegeben werden. Diese Mittel sind ein Minimum dessen, was es an Vorsorge-/Nachsorgemitteln gibt. Auf sie sollte auf keinen Fall verzichtet werden.

FIEBERMESSEN ALS BESTER INDIKATOR

Da der erste Indikator für eine drohende Metritis Fieber ist, sollten Sie 2 x am Tag Fieber messen. Bei langhaarigen Hündinnen schneide ich sowohl den Po als auch die Scham vor der Geburt frei. Ausfluss ist so besser auszumachen und Fiebermessen wird ohne Behaarung viel leichter und somit weniger nervig für die Hündin. Tauchen Sie das Fieberthermometer vorher ordentlich in Vaseline und lassen Sie die Hündin in der Box liegen, so minimieren Sie den Stress für sich und die Hündin. „Die Hündin mag kein Fiebermessen“-Sätze sind unangebracht, viel weniger mag Ihre Hündin eine Gebärmutterentzündung, diese kann ihr das Leben kosten.

Auch die Farbe des Ausflusses kann Aufschluss geben.

Ein dunkelroter oder braunroter Ausfluss nach der Geburt ist in der Regel ein Zeichen, dass alle Nachgeburten ausgeschieden sind. Ausfluss jeder anderen Farbe, besonders braun oder grünlich, der meist 48-72 Stunden nach der Geburt auftritt, spricht entweder für ein Nachgeburtsverhalten, für eine steckengebliebene Frucht oder aber kann auf eine Gebärmutterinfektion hinweisen.

Der Ausfluss sollte nach ca. 14 Tagen ganz versiegen.

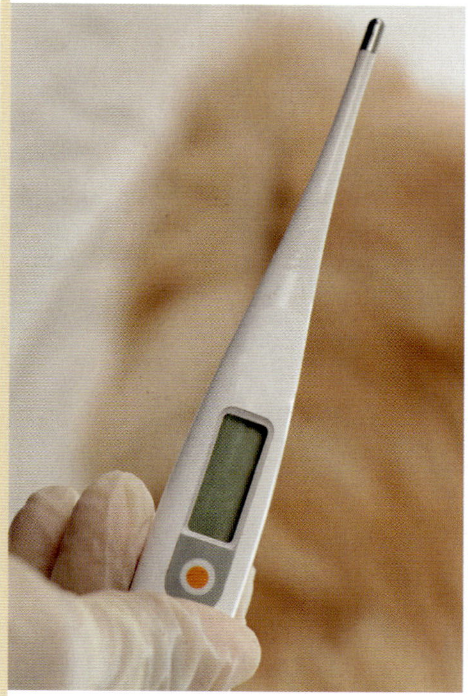

KEIN VOLLBAD NACH DER GEBURT

Nebst schlechter oder mangelnder Hygiene, unsachgemäße Behandlung der Hündin in der Trächtigkeit sowie unzureichender naturheilkundlicher Versorgung kann auch ein Bad nach der Geburt eine Metritis verursachen. Sollte eine Hündin nach der Geburt gebadet werden?

Blut, Nachgeburt und Kot spüle ich in der Regel nach Geburt ab. Niemals lasse ich aber dabei die Hündin in ihrem Wasser stehen. Der Zervixkanal ist offen und eindringendes Dreckwasser keine gute Voraussetzung. Allerdings trage ich die Hündin niemals in die Dusche oder in die Badewanne, heißt:

Ich trage sie unter keinen Umständen unter dem Bauch.

Warum nicht?

Für mehrere Tage noch nach der Geburt hat die Hündin Nachwehen, um diese zu reinigen und den Rückbildungsprozess zu starten. Diese Nachwehen sind von außen nicht sichtbar.

Adobe Stock / Tatyana Gladskih

Jeder Einfluss in der Bewegung, die durch die Hündin nicht selbst getätigt wird, kann dazu führen, dass sich die Gebärmutter nicht in Ruhe zurückbilden kann.

Die Gebärmutter kann dabei reißen oder sich in einem Horn verdrehen. Ist das Gebärmutterhorn verdreht, findet die nachgeburtliche Versäuberung nicht statt. Eine Entzündung ist vorprogrammiert. Wer die Hündin unbedingt heben muss, sollte zusehen, dass beim Hochheben eine Hand unter dem Po und eine Hand unter der Brust ist. Treppensteigen ist ebenfalls kritisch zu betrachten. Von einer Aufzucht ab 2. Stock ohne Fahrstuhl rate ich dringend ab, es sei denn, die Hündin hat auf der Etage einen Platz für die Versäuberung. Ob das artgerecht ist, soll hier nicht diskutiert werden, es ist auf jeden Fall sauber und die Hündin muss weder getragen werden, noch Treppen steigen.

6.7. MASTITIS

WAS IST EINE MASTITIS?

Eine Mastitis ist eine Infektion der Brustdrüsen des Mutterhundes. Die Brustwarzen der Mutter können heiß, rot und entzündet aussehen. Der Zustand könnte durch das Kratzen der Nägel des Welpen gegen die Brustdrüsen ausgelöst werden. Eine Mastitis ist eine bakterielle Infektion einer oder mehrerer laktierender (Milch produzierender) Drüsen in den Brüsten. Escherichia Coli (E. coli), Staphylokokken und β-hämolytische Streptokokken sind einige der am häufigsten beteiligten Bakterien. Es handelt sich um eine potenziell lebensbedrohliche Infektion, die in einigen Fällen zu einem septischen Schock führt, der direkt die Milchdrüsen mit systemischer Beteiligung betrifft. Diese Erkrankung betrifft hauptsächlich Hündinnen, die säugen, tritt aber auch bei pseudoträchtigen Hündinnen auf.

SYMPTOME EINER MASTITIS

Fieber, Appetitlosigkeit, Lethargie, feste, geschwollene, warme und schmerzhafte Brustdrüse(n), aus denen eitrige (eiterartige) oder hämorrhagische Flüssigkeit austreten kann, sind die äußeren Anzeichen.

VORBEUGEN EINER MASTITIS

Die beste Vorbeugung ist gute Hygiene. Eine bakterielle Erkrankung der Brust bei Hunden wird in der Regel oft durch einen schlechten hygienischen Lebensstandard verursacht. Daher sind zur Vorbeugung geeignete Hygienemaßnahmen wie die regelmäßige Reinigung Ihres Hundes, ihrer Brüste und rund um ihren Nistplatz erforderlich.

Eine Mastitis tritt häufig bei säugenden Hündinnen auf, die mehr Welpen als Zitzen haben. Dies liegt daran, dass die Welpen die Brustdrüsen ihrer Mutter über mehrere Wochen auf die Probe stellen. Achten Sie also vor der Belegung darauf, dass die Hündin genetisch gut ausgestattet ist. Aber auch zu kleine Würfe führen oft zu ungleicher Milchentnahme, was zum Stau führen kann. Ein optimaler Deckzeitpunkt und sachgemäße Behandlung der Hündin während der Trächtigkeit verhindert zu kleine Würfe.

Um eine schnelle Behandlung und schnelle Wiederherstellung zu gewährleisten, müssen Sie die Zitzen Ihrer Hündinnen täglich kontrollieren. Besonders nach dem Versäubern, also dem Gang nach draußen, empfehle ich, die Zitzen mit Octenisept abzusprühen. Es pflegt und desinfiziert die Zitzen. Auch grober Dreck von den Pfoten hat in der Wurfkiste nichts zu suchen. Sicherlich ist Pfoten spülen nervig, aber viel nerviger ist eine Handaufzucht, weil die Hündin die Welpen nicht mehr säugen kann.

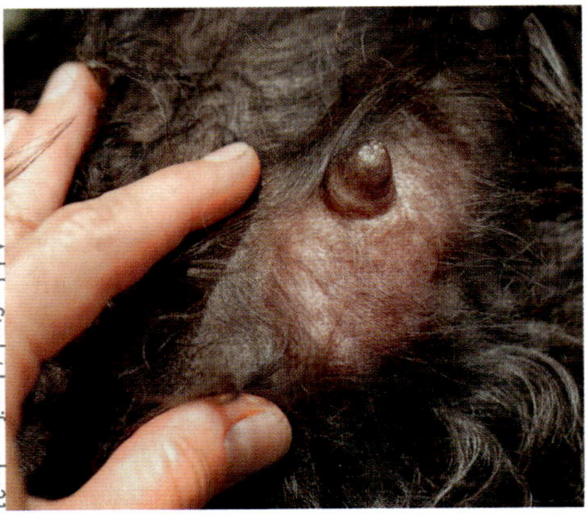

Adobe Stock / Jennifer, elen31

Nach spätestens ca. 14 Tagen sollte man den Welpen an den Vorderpfoten die Krallen kürzen, um Kratzer am Gesäuge zu verhindern. Neben der Hygiene sollte die Hündin ausreichend Flüssigkeit zu sich nehmen. Oft trinken säugende Hündinnen zu wenig und so kommt es auch zum Stau. Naturheilkundliche Lymphmittel im Trinkwasser halten ebenfalls alles im Fluss. Wer viel trinkt, muss auch viel nach draußen. Ein Blasenstau führt auch zum Stillstand des Flusses, deshalb sollte eine säugende Hündin oft nach draußen zum Lösen gebracht werden.

In einigen Fällen zeigt eine Mastitis aber auch, dass bei der Hündin nicht alles im Fluss ist.

Sprich irgendetwas behagt ihr nicht. Vielleicht ist sie gestresst, die Wurfkiste steht am falschen Platz oder ihr ist zu warm? Das gilt es ebenso zu überprüfen wie die anderen Parameter.

Vorsorglich sollte die Hündin ab der Geburt 2-3 Mal am Tag 0,2 ml Laktovetsan erhalten. Bei der kleinsten Verhärtung fange ich an, das Mittel stündlich zu geben, bis sich die Verhärtung löst. Über die Behandlung der Verhärtung gibt es 1000 und 1 Meinung. Fakt ist: Alles, was aus der Zitze raus geht, füllt sich wieder nach. Deshalb raten Tierärzte oft, die Zitze in Ruhe zu lassen. Ich mache das auf gar keinen Fall. Meine Erfahrung ist, dass sich von 10 Verhärtungen 9 entzünden und von den zehn dann 4 mit einer Handaufzucht enden. Also streiche ich Verhärtungen immer aus und behandele sie gleich.

BEHANDLUNG DER VERHÄRTETEN ZITZEN

Die größte Problematik und Herausforderung besteht darin, den Milchstau aufzulösen. Eine Handaufzucht ist eine nervenaufreibende Sache und sollte auch zum Wohle der Welpen verhindert werden. Das ist aber nur dann möglich, wenn die Situation nicht kippt, heißt, die Brustdrüsen sich nicht so entzünden, dass die Milch für die Welpen lebensgefährlich belastend ist.

Bei der kleinsten Verhärtung lege ich deshalb ein steriles Wärmepad auf die Zitze oder aber spüle die Zitzen mit fließend sehr warmem Wasser ab. Danach versuche ich, den saugstarksten Welpen an diese Zitze zu legen, gelingt das nicht, oder aber die Verhärtung hat sich nicht gelöst, lege ich vor dem Melken der Zitze noch einmal eine sterile warme Kompresse auf die Zitze, um

die Drainage zu fördern.

Viele Züchter kleben entzündete Zitzen ab, da sie davon ausgehen, dass die Milch dort bakteriell belastet ist. Sollte das so sein, muss man daran denken, dass die anderen Zitzen ebenfalls an diesen Milchleisten hängen und das deshalb nicht sehr klug ist.

Nach dem Abmelken oder Säugen durch die Welpen gibt es feuchte Quarkwickel oder aber Retterspitzauflagen. Beim Retterspitz darauf achten, dass er zur äußerlichen Anwendung geeignet ist und niemals direkt auf die Zitze, sondern immer sehr viel Fleece dazwischen legen.

Das Abmelken sollte alle 3-4 Stunden erfolgen. Ich gebe mir immer 12 Stunden Zeit, die Verhärtung zu lösen, vorausgesetzt es wird nicht schlimmer. Ist die Verhärtung nicht schlimmer und auf keinen Fall in irgendeiner Form entzündlich, mache ich weiter. Beim Anzeichen dafür, dass es schlimmer wird, bin ich die letzten 3 Jahre dazu übergegangen, eine Antibiose mit Amoxicillin anzuwenden. Meine Erfahrung zeigt mir, dass eine zu späte Behandlung durch eine Antibiose meist in einer Handaufzucht endet. Wer das einmal hinter sich hat, möchte das auf keinen Fall ein zweites Mal.

Eine antibiotische Behandlung ist normalerweise der schnellste Weg, um eine Mastitis zu behandeln und sich davon zu erholen. Sie fördern eine einfachere Genesung, ohne dass ein Krankenhausaufenthalt erforderlich ist. Behandelte Hündinnen können im eigenen Haus bleiben. Ich gebe das Amoxicillin mindestens 5

Adobe Stock / Chalabala,William

Tage. Die Vergabe sollte immer mit Ihrem Tierarzt besprochen werden. Zusätzlich hilft ein Darmaufbau sowie 3 x täglich Nux Vomica D6. In der Regel vertragen die Welpen das Amoxicillin gut. Sollten sie Bauchweh bekommen, unterstütze ich sie mit einem Kügelchen Nux Vomica D6 2 x tgl. 1-2 Globuli und einmal tgl. Flor de Piedra D4. In dieser Zeit beobachte ich das Gewicht der Welpen sehr genau.

Sollte die Entzündung nicht weichen und die Milch kippen, sprich bakteriell belastet sein, heißt es: Handaufzucht. Und zwar sofort und unbedingt. Viele Züchter zögern diesen Moment hinaus. Oft mit den Folgen, dass die Welpen sterben und die Hündin einen offenen Abszess am Gesäuge bekommt, der operiert werden muss.

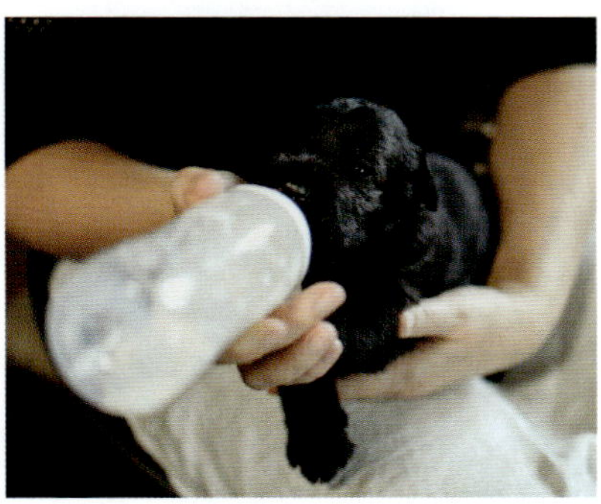

Wenn die Neugeborenen abgesetzt werden, sorgen Anti-Prolaktin-Medikamente (z.B. Cabergolin 5 µg/kg 1 Mal täglich) dafür, die Milchproduktion zu reduzieren. Das ist zwingend notwendig, um weitere Verhärtung zu verhindern. 4-5 x tgl. das homöopathische Mittel Urtica Urens D6 4-5 x am Tag 5 Globuli hilft zusätzlich, den Milchfluss zu stoppen. Das Medikament Anti-Prolak sorgt bei den meisten Hündinnen für große Übelkeit, lassen Sie sich daher gleich etwas für die Übelkeit geben. Wichtig ist, dass die Welpen nicht mehr trinken können. Aber Achtung: So manch ein Welpe schlüpft in den ärmellosen Body. Deshalb wählen Sie einen Anzug mit langen Armen und Beinen, dann können Sie Ihre Hündin auf jeden Fall zu den Welpen lassen.

07

DIE GEBURTS-KOMPLIKATIONEN DER WELPEN

INTRO.

Die meisten Geburtskomplikationen der Welpen lassen sich wie auch die Probleme der Mutterhündin lange vor der Geburt verhindern.

Natürlich sind die Welpen in der Hündin gut verpackt, aber man darf nicht vergessen, dass wir trotz des natürlichen Prozesses bestmöglich dafür Sorge tragen können, so gut es geht von vornherein Komplikationen zu verhindern. Auch hier ist Vorsorge besser als Nachsorge und rettet in den meisten Fällen Leben.

AdobeStock: spyrakot

7.1 URSACHEN FÜR GEBURTSKOMPLIKATION

Die häufigsten Komplikationen der Welpen während und nach der Geburt werden verursacht durch:

- **Einlings-/Zweilingsträchtigkeiten**
- **nicht homogene Würfe**
- **deformierte Welpen**
- **tote Welpen**
- **parasitäre/bakterielle Belastung der Welpen**
- **Anomalitäten bei Welpen**
- **schlecht versorgte Welpen**
- **Quetschungen der Welpen während der Trächtigkeit**

AdobeStock: Tatyana Gladskih

7.2. VERHINDERUNG VON GEBURTSKOMPLIKATIONEN DER WELPEN IN VOR- UND NACHSORGE

Zu 80 % sind die Komplikationen durch gute Vorsorge zu verhindern

- Der richtige Deckzeitpunkt sorgt dafür, dass Einlings- oder Zweilingsträchtigkeiten mit allen negativen Konsequenzen verhindert werden können.
- Die richtige Wahl des Deckrüdens ist genetisch für die gesundheitliche Entwicklung der Welpen in der Trächtigkeit sowie in der Aufzucht unabdingbar.
- gesunde Elterntiere sind ein Muss, um die Gesundheit auf allen Ebenen anzustreben.
- Nahrungsergänzungsmittel für die Hündin nur so einsetzen, dass diese den Welpen in der Entwicklung während der Trächtigkeit als auch während der Aufzucht nicht schaden.
- Die Behandlung der Hündin in der Trächtigkeit darf den Welpen im Bauch nicht schaden.
- gute Grundhygiene und artgerechte Haltung fördern die Gesundheit von ungeborenen Welpen.

7.3. GEBURTSKOMPLIKATIONEN DER WELPEN WÄHREND DER GEBURT ERKENNEN UND BEHANDELN

- Querlage
- Toter Welpe
- Welpe steckt fest

QUERLAGE

Welpen, die sich in der Querlage befinden, erkennt man auf jeden Fall auf einem Röntgenbild, welches man kurz vor der Geburt machen sollte. Auch ohne Röntgenaufnahme kann ich Welpen in der Querlage ertasten. Können Sie zur Scheide hin an dem letzten gelegenen Zitzenpaar den Körper eines Welpen fühlen, der quer zur Mittelfurche der Bauchdecke liegt; sodass er sozusagen dieses Zitzenpaar miteinander verbindet, handelt es sich um eine Querlage.

Natürlich hat der Welpe wenig Platz, sich noch zu drehen, dennoch kann man vor der Geburt sanft von außen einwirken, um den Welpen zum Drehen zu motivieren. Bringt man die Hündin sanft in die Seitenlage, heißt auf die rechte Seite, wenn der Welpe links liegt und anders herum, kann man mit einer kleinen Taschenlampe den Welpen ermuntern, dem Licht zu folgen. Man sollte aber in der Lage sein, den Welpen von außen anatomisch zu erkennen, sodass man nicht andere Welpen auch zur Drehung motiviert. Eine anormale Lage kann noch in Ordnung gebracht werden,

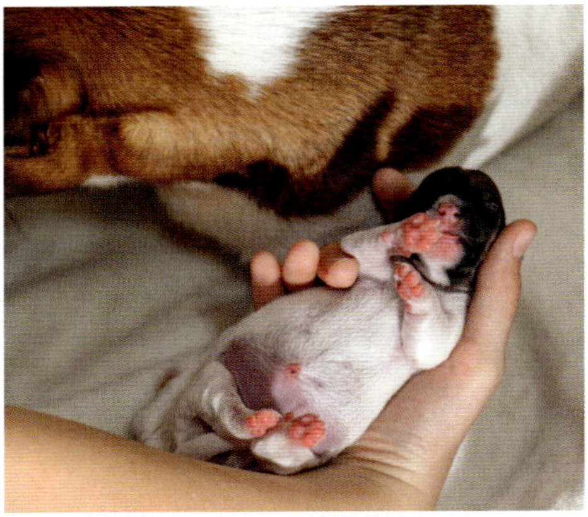

wenn Pulsatilla gegeben wird, bevor das Fruchtwasser abgeht oder die Geburt stagniert. Eine Vergabe von Pulsatilla C 1000 alle 4-8 Stunden vor der Geburt kann sehr hilfreich sein, sollte aber mit erfahrenen Homöopathen abgeklärt werden.

Ändert sich die Lage des Welpen nicht, wird die Hündin trotzdem pressen, aber ohne dass ein Welpe in der Vulva erscheint. Unerfahrene fahren unbedingt sofort zum Tierarzt. Ist kein Nottierarzt zur Stelle oder Sie sind schon ein erfahrener Geburtshelfer, sollten Sie das Umlenken des Welpen in Erwägung ziehen. Merken Sie sich jetzt die Stelle, wo der Welpe liegt. Legen Sie die Finger vor das nicht so weit herüberragende Ende des Welpen und warten Sie, bis die Wehe vorüber ist. Das Ganze passiert ohne jeglichen Druck. In der Wehenpause versuchen Sie, den Welpen in das Gebärmutterhorn zurückzuschieben, in dem er zum größeren Anteil steckt. In der nächsten Wehenperiode halten Sie nur den Welpen fest. Keinen Druck auszuüben ist hier oberstes Gebot, selbst wenn der Welpe Ihnen wieder entwischt. In der nächsten Wehenpause kann dies auskorrigiert werden.

Dies können Sie in den nächsten Wehenpausen dann wieder aufholen. Nun schieben Sie den Welpen in der nächsten Wehenpause über die Mittellinie hinaus und halten Sie nun mit leichtem Druck Ihre Finger jenseits der Mittellinie, dort wo er kurz vorher noch lag. So versperren Sie das andere Uterushorn für den Welpen. In der nächsten Pressperiode sollte der Welpe den Ausgang von selbst finden.

DER WELPE STECKT FEST

Steckt der Welpe im Geburtskanal fest, können die Nabelgefäße abgeklemmt werden und die Blutversorgung wird unterbrochen. Das bedeutet dann den Tod für den Welpen. Deshalb sollte auch zügig entschieden werden, was zu tun ist. Ist ein Röntgenbild erstellt worden und man er-

kennt schon vorher, dass das innere Becken sehr klein oder aber eben die Köpfe zu groß sind, ist es sehr wahrscheinlich, dass der Welpe nicht durch das Becken passt. Zu lange sollte man nicht warten, da der Welpe sonst stirbt. Erscheint der Welpe gar nicht durch die Vulva und die Hündin presst vergeblich, fahren Sie bitte spätestens nach 45 bis 60 Minuten zum Tierarzt. Erscheint die Fruchtblase in der Vulva, haben Sie ein wenig mehr Zeit. Aber auch hier gilt: Nach 2 Stunden sollten Sie zum Tierarzt fahren. Platzt die Fruchtblase, ist Eile geboten. Erfahrene Geburtshelfer, die schnellstmöglich einen Tierarzt im Rücken haben, werden nach ca. 1-1 ½ Stunden den Welpen versuchen zu greifen und die Fruchtblase öffnen. Das Problem ist, dass der Welpe durch die Enge in der Blase keine Chance hat, durch den Geburtskanal zu rutschen. Das ist wie ein Luftballon in einer Flasche, wo eine kleine Blase aus der Öffnung schaut, man bekommt ihn nicht heraus. Als letzte Maßnahme also und auch nur, wenn dann sofort ein Tierarzt zur Verfügung steht, öffne ich die Blase, achte aber darauf, dass ich den Welpen festhalte und nicht wieder in den Geburtskanal rutschen lasse.

Sehr selten kommen nur die Vorderpfoten und der Kopf hat eine so ungünstige Position, dass er in dieser Position nicht weiter rutschen kann, sprich er ist abgeknickt. Ungünstig wäre es, jetzt an den Vorderpfoten zu ziehen, also warte ich eine Wehenpause ab und versuche die Pfoten wieder in den Kanal zu schieben. Haben Sie keine Angst dabei, Ihre Finger in die Vulva zu schieben. Manchen Welpen befördere ich erst einmal wieder Richtung Tube. Ich stopfe sie sozusagen wieder hinein, ohne die Fruchtblase zu beschädigen.

DER WELPE LIEGT MIT DEM RÜCKEN NACH UNTEN

In der Regel ist es so, dass die Welpen mit der Wirbelsäule nach oben auf die Welt kommen. Der große Teil der Welpen kommt in Kopflage zur Welt, bei etwa 40 Prozent ist es das Hinterteil, das zuerst zum Vorschein kommt. Bei Hundewelpen stellt diese Lage kein Problem dar. Ein Problem könnte es aber sein, wenn der Welpe mit der Wirbelsäule nach unten geboren wird. Vor allem, wenn er dann mit den Füßen zuerst kommt. In beiden Fällen unterstütze ich den Welpen dadurch, dass ich meinen Finger vorsichtig unter den Welpen schiebe und versuche in beiden Fällen, die Schultern sanft zusammenzudrücken. Meistens gleitet der Welpe so besser heraus.

AdobeStock: Сергей Дудиков

7.4 GEBURTSKOMPLIKATIONEN DER WELPEN NACH DER GEBURT

Auch nach der Geburt kann es zu Komplikationen kommen. Manche davon sogar recht häufig, allerdings müssen daraus keine weiteren Komplikationen folgen, wenn man weiß, was zu tun ist. Häufigste Komplikationen unter der Geburt sind:

- Welpe wird zu kalt
- Welpe wurde in der Geburt verletzt
- Welpe hat Fruchtwasser in der Lunge
- Welpe atmet nicht richtig
- Welpe lebt nicht
- Welpe ist ein Todeskandidat
- Welpe saugt nicht oder er bekommt oder verträgt keine Milch
- Welpe wird nicht angenommen

Gesunde Welpen fühlen sich prall und warm an, kranke dagegen liegen schlaff in der Hand. Generell hat man manchmal unter der Geburt keine Zeit, auf alles gleichzeitig zu achten. Manche Hündinnen pressen ihre Welpen in einem Rekordtempo auf die Welt, dass man froh sein kann, mitzubekommen, ob die Plazenta ebenfalls abgegangen ist. Dann heißt es immer gut abwägen, was jetzt das Wichtigste ist. Mit einem ordentlichen Basiswissen kann man dann eine gute Entscheidung treffen.

GEBURTSKOMPLIKATIONEN DER WELPEN NACH DER GEBURT

HÜNDIN VERLETZT DEN WELPEN BEIM ABNABELN

Das erste Problem für so manchen Welpen kommt dadurch zustande, dass die Hündin wie eine Verrückte versucht, den Welpen abzunabeln. Das tut sie im Übrigen nicht aus Liebe zum Welpen, sondern weil am anderen Ende der Nabelschnur die Plazenta hängt und manche Hündinnen sind da so heiß hinterher, dass sie anfangen, an der Nabelschnur zu beißen. Nicht selten verletzen sie dabei den Welpen oder beißen die Nabelschnur durch, obwohl die Plazenta noch nicht herausgekommen ist. Ganz Begierige verletzen dabei den Welpen direkt am Nabel, sodass der Welpe elendig blutet. Merken Sie, dass Ihre Hündin so eine Wilde ist, machen Sie ihr klar: Stopp! Bei den meisten reicht dieser Rüffel.

NABELBLUTUNGEN BEIM WELPEN STILLEN

Manchmal passiert es bei aller Sorgfalt trotzdem, dass die Hündin dem Welpen dem Bauch verletzt oder so viel Nabelschnur abbeißt, dass kein Stückchen mehr zum Abnabeln da ist. Oder aber der Züchter selbst nabelt unsachgemäß ab. Wer so etwas schon erlebt hat, weiß, dass der Welpe so stark blutet, dass man das Gefühl bekommt, der Welpe ist gleich blutleer.

Wichtig ist, die Ruhe zu bewahren. Die Stelle versuchen schnell abzutupfen. Dann flugs mit Wundnahtstreifen die Wunde so behandeln, als ob man sie nähen wollte. Einen sterilen Tupfer auf die Wunde pressen und den Welpen dann mit einem elastischen Verband (bei kleineren Welpen Fingerstrips nehmen) umwickeln. Manchmal ist es nötig, noch einige Zeit den Finger auf den Nabel zu drücken. Sollte die Hündin die

AdobeStock: sushytska

Bauchdecke verletzt haben, ist es nötig, den Welpen einem Tierarzt vorzustellen. In der Regel muss es noch einmal genäht werden. Bei größeren Verletzungen ist es wichtig, den Welpen mit einer Antibiose abzudecken und gegebenenfalls durch subkutane Infusion das Flüssigkeitsvolumen wieder aufzufüllen. Phosphorus in einer D12 bringt den Blutfluss schnell zum Stoppen und sollte in einem Abstand von 15 Minuten verabreicht werden. Hier wäre auch eine einmalige Vergabe von D30 möglich, obgleich diese Potenzen immer in Hände gehören, die sich damit auskennen.

Wird der Welpe unter der Geburt durch Geburtshilfe verletzt oder gequetscht, sollte er auf jeden Fall Arnika D6 bekommen, 3 x täglich 1-2 Globuli und ca. 3-4 Stunden nach der Geburt stündlich ein Globuli. Die Wunde sollte mit Betaisodona in flüssiger Form behandelt werden und der Welpe einem Tierarzt vorgestellt werden.

AdobeStock: OlgaOvcharenko

UNTERKÜHLUNG DER WELPEN VERHINDERN

Manche Welpen unterkühlen nach der Geburt, während die anderen Welpen geboren werden. Das bleibt meistens unbemerkt. Auffällig ist dann nur, dass einige Welpen erst warm und prall sind und die Situation plötzlich kippt und sie binnen zwei Stunden zu Todeskandidaten werden. Diese Gefahr besteht bis zu 14 Tagen, bis die Welpen ihren eigenen Wärmeaustausch regeln. Genau genommen erfrieren sie auch nicht, sondern sterben an Unterzuckerung bzw. an einem Darmverschluss, beides durch die Unterkühlung ausgelöst. Ich mache immer wieder die Beobachtung, dass es zu kalt im Welpenzimmer ist. Es sollte auf jeden Fall 22-24 Grad erreicht werden. Fakt ist, die kleine Körperoberfläche der Welpen kühlt sehr schnell aus. Die Welpen können ihre Körpertemperatur bis zur 2. Woche nicht selbstständig regulieren. Neugeborene haben eine Temperatur von 34,8-36,3°C, mit einer Woche steigt diese bis 37,8°C und erst in der zweiten Woche dann auf 38 – 39°C. Alles, was unter 37°C geht, ist Untertemperatur. Ihr Thermoausgleich beginnt erst ca. mit 8 Tagen, sich zu regulieren. Die Unterkühlung löst dann die Unterzuckerung aus. Der Körper des Welpen ist im Schockzustand. Die Darmtätigkeit wird eingeschränkt. Nimmt der Welpe in dieser Phase dann Milch zu sich, ob nun durch die Hündin oder aber durch die Handaufzucht, erfolgt ein Darmverschluss und der Welpe stirbt. Die Hündin hat eine Temperatur von 37-39°C und normalerweise bleibt sie gerade die ersten 14 Tage unentwegt in der Box, trotzdem sollte dafür Sorge getragen werden, dass in einer Ecke der Welpenkiste eine Hundewärmeplatte liegt. Wird den Welpen zu kalt oder die Hündin wird Gassi geführt, verfrachtet man die Welpen in diesen Bereich und legt ein Handtuch um die Welpen, so können sie nicht auskühlen. Bei sehr warmen Temperaturen im Sommer sollte man darauf verzichten, ebenso gänzlich die Inbetriebnahme von Infrarot- oder Wärmelampen, zu groß ist hier die Gefahr von Dehydration.

Kommt es wirklich einmal vor, dass Welpen aus welchen Gründen auch immer zu lange im Kalten liegen, heißt es immer erst einmal aufwärmen, bevor Nahrung hinzugefügt wird. Auch wenn die Welpen vor Hunger schreien, erst wird aufgewärmt.

Während der Geburt ist es daher angebracht, ein Weidenkörbchen (guter Luft-/ Wärmeaustausch) mit einem Deckel bereitzustellen. Bei mir liegt in dem Körbchen eine elektrische Wärmeplatte, die ich exakt auf 37 Grad eingestellt habe. Gebettet auf ein Handtuch, kommen alle Welpenkinder flugs in das Körbchen, wenn ein Neues geboren wird. So wird den anderen nicht zu kalt und sie liegen nicht im Weg herum.

Die Wurfbox sollte von unten gut isoliert sein. Ein Thermometer gibt Aufschluss über die Temperatur in der Wurfbox. Durch all diese Maßnahmen und die Tatsache, dass die Hündin sich meist in U-Form um die Welpen legt, sind die Welpen gut untergebracht. Übrigens: Welpen, denen es zu kalt ist, liegen in einem dichten Haufen zusammen, auch das könnte ein Hinweis sein: Achtung, hier ist es zu kalt.

Wie schon bereits an anderer Stelle erwähnt, muss man sich ab Ende der 2. Woche dann weniger Sorgen machen, die Welpen können unter anderem durch Bewegung ihre Temperatur selbst halten. Die Raumtemperatur im Welpenzimmer kann nun reduziert werden, die Wärmeplatte bei normaler Raumtemperatur aus der Wurfbox genommen werden.

DER WELPE ATMET NICHT

Ist der Welpe eher schlaff und schal und die Zunge grau, heißt es handeln. Dann übernehme ich schnell die Aufgabe der Hündin. Zunächst wird der Welpe mit einem Handtuch ordentlich abgerubbelt. Es darf ruhig ein wenig fester sein. Passen Sie auf, dass Sie den Kopf immer fixiert halten. Danach vollführe ich das oben erwähnte Schüttelverfahren in etwas abgeänderter Form: Ich halte den Welpen wieder mit einer Hand gut fest und mit der anderen fixiere ich ihn abermals im Nacken. Dann fixiere ich mit dem Zeigefinger zusätzlich seine Stirn. So gut fixiert halte ich den Welpen leicht über meinen Kopf hoch und schwinge ihn etwas ruckartig über einen Bogen bis zu meinen Knien. So wird kein Fruchtwasser mehr in den Atemwegen verbleiben. Wichtig ist, den Welpen gut zu fixieren. Ich unterscheide dann zwischen Welpen, die gar nicht atmen und Welpen, die das Fruchtwasser nicht abhusten können.

AdobeStock: mannpuku

In der Regel atmet der Welpe nicht, weil noch Fruchtwasser in den Atemwegen steckt, das ihn daran hindert, zu atmen. Atmet der Welpe nicht, gebe ich entweder Respirottropfen oder aber eine Gabe Camphora D1 als Tropfenform (1 Tropfen).

Mit einem Fruchtwasserabsauger sauge ich vorsichtig aus der Nase und dem Mäulchen das Fruchtwasser ab. Dazu nehme ich das Ende des Schlauches und passe auf, dass ich keinen großen Unterdruck produziere. Schnupfensauger für Babys sind gänzlich ungeeignet, weil sie einen zu großen Unterdruck für den Welpen erzeugen. Auch das Fruchtwasser absaugen mit dem eigenen Mund sollte unterlassen werden. Atmet der Welpe immer noch nicht, nehme ich den Welpen in beide Hände und halte ihn Kopf voran nach unten, dabei stecke ich ihm eine Fingerspitze ins Maul. Noch einmal gebe ich ihm oben erwähnte Tropfen.

Will er immer noch nicht atmen, gebe ich ihm dann Ammonium jodatum D6 in Tropfenform auf die Zunge (1 Tropfen). Ich nehme ihn an den Hinterläufen und hebe ihn hoch, wobei der Kopf nach unten guckt. Dabei fallen die Eingeweide des Welpen nach vorn und lösen einen Druck auf die Lunge aus. Danach mache ich die Gegenbewegung und wieder anders herum.

BEATMUNG UND HERZMASSAGE

Hilft auch diese Maßnahme nicht, wende ich kalt/warme Wechselbäder an. Kurz kalt und dann warm duschen. Zusätzlich fange ich an, den Welpen zu beatmen. Vorsichtig blase ich ihm Sauerstoff in den Fang und beginne mit einer Herzmassage, d.h ich massiere mit einer leichten Druckbewegung seinen Brustkorb. Versuchen Sie, um den Welpen zu kämpfen. Zu oft habe ich erlebt, dass totgeglaubte Welpen nach einer kurzen Schnappatmung einfach da waren. Welpen, die sich so ins Leben kämpfen, hilft die Vergabe von Phosphorus D12 anfänglich stündlich 1 Globuli. Erholen sie sich, geben Sie täglich 1 -2 x 1 Globuli, bis sie so stark sind wie ihre Geschwister.

DER WELPE KANN DAS FRUCHTWASSER NICHT ABATMEN

Kann der Welpe lediglich das Fruchtwasser nicht abatmen, dann helfen Sie ihm durch die Vergabe von Ammonium jodatum D6. Sollte dies nicht reichen und Sie hören immer noch ein Rascheln oder der Welpe zeigt eine erschwerte Atmung, versuchen Sie vorsichtig, das Fruchtwasser abzusaugen. Wenn es vonnöten ist, wenden Sie auch die Schüttelmethode an oder erzeugen durch das Hochheben an den Hinterpfoten und das Umdrehen im Wechsel einen Druck auf die Atmungsorgane, das wird rasch für das Abhusten sorgen. Geben Sie diesen schwächlichen Welpen gleich einmal Ferrum Phosphoricum D 6.

DER TODESKANDIDAT

Es gibt sie, die Welpen, die es nicht schaffen. Es ist keine Missbildung erkennbar und auch die Atemwege sind frei. Sie sind schwach und reagieren einfach auf keine Maßnahme. In sehr sehr seltenen Fällen kann man diese Welpenkinder mit einem Welpenbooster erst einmal stabilisieren, eine zusätzliche Vergabe von einer Antibiose, z.B. Synulux kann helfen, falls eine nicht erkennbare Infektion vorliegt. Aber manchmal bringt es alles nichts. Und auch hier gilt es, dies zu akzeptieren. Gehen Sie hier nicht über Ihre eigene Grenze. Die Hündin, wie auch die anderen Welpen, brauchen Sie für die Aufzucht. Akzeptieren Sie, wenn die Hündin den Welpen instinktiv nicht annehmen möchte. Wenn Sie die Kraft haben, ihn zu separieren, tun Sie dies. Sollte Ihre Hündin diesen Welpen totbeißen oder sogar auffressen, bestrafen Sie sie nicht. Sie weiß es besser als Sie. Zeigen Sie Respekt und weinen Sie bitte nicht. Das Verhalten wird Ihre Hündin zu tief verunsichern. Freuen Sie sich über die Welpen, die leben und seien Sie stolz auf Ihre Hündin.

Nicht immer ist der Weg zum Tierarzt mit dem Welpen vonnöten. Sorgt die Hündin selbst nicht für den Tod des Welpen und der Welpe quält sich nicht oder wimmert nicht, lassen Sie ihn bei der Hündin. Er lässt sich sanft in den Tod schaukeln.

FLASCHENAUFZUCHT

Manchmal wird es nötig, die Welpen mit der Flasche aufzuziehen oder aber sie müssen zugefüttert werden. Immer wieder erlebe ich aber auch, dass ein Züchter ohne ersichtlichen Grund die Welpen zufüttert. Obacht! Zufüttern ist mit sehr viel Geschick verbunden und kann sehr leicht zum Tode der Welpen führen.

Wann man zufüttern muss:

Das kann verschiedene Gründe haben:

- die Hündin verstirbt
- die Hündin hat keine Milch
- die Hündin nimmt den Wurf nicht an oder ist krank
- ein Welpe ist zu schwach und muss zugefüttert werden
- Unverträglichkeit der Muttermilch
- der Welpe zeigt kein Saugreflex

Fakt ist, wenn die Welpen nach der Geburt keine Flüssigkeit zu sich nehmen, werden sie sterben. Natürlich kann man ein paar Stunden mit einem Puppybooster oder einer subkutanen Flüssigkeitsvergabe nachhelfen, aber spätestens nach 6 Stunden sollten sie durch die Speiseröhre mit Ersatzmilch oder anfänglich einem Kolostrum versorgt werden. Wenn die Hündin verstirbt, oder aber aus welchen Gründen auch immer nicht laktieren kann, stellt sich die Frage einer Handaufzucht nicht, sie wird erforderlich. Für welche Methode der Fütterung Sie sich entscheiden, hängt von Ihrem Geschick und den Welpen ab.

DER SAUGREFLEX IST NOCH NICHT VORHANDEN

Zeigt ein Welpe noch keinen Saugreflex oder ist zu schwach, nützt es nichts, ihm einem Sauger ins Mäulchen zu stecken. Sie müssen unweigerlich auf Tröpfchen oder Sondenfütterung zurückgreifen. Das gleich gilt auch für Welpen, die mit einer Gaumenspalte geboren werden. Die Milch läuft durch die Spalte meist durch die Nase wieder heraus. Er würde ohne Hilfe verhungern.

Welpen, die noch keinen Saugreflex haben, brauchen meist 1- 2 Tage zur Überbrückung. Manchmal kommt es vor, dass ein Welpe einfach 1 bis 2 Tage später dran ist als seine Geschwister.

Stecken Sie also nach der Geburt immer Ihren kleinen Finger ins Mäulchen und überprüfen Sie den Saugreflex. Schwachen Welpen geben Sie zur Stärkung Phosphoricum D 12 alle drei Stunden 1 Globuli.

AdobeStock: Karoline Thalhofer, Shamil

DIE HÜNDIN HAT NOCH KEINE MILCH

Wenn die Hündin noch keine Milch hat, geben Sie ihr eine einmalige Vergabe von Urtica Urens D30 1 x 5 Globuli und alle Stunden 5 Tropfen Laktovetsan. Gerade Hündinnen mit Kaiserschnitt haben öfter dieses Problem, da sie oft geplant in den Kaiserschnitt gehen, ohne vorherige Wehentätigkeit. Das Oxytocin ist ein körpereigenes Hormon, welches die Wehentätigkeit auslöst und wichtig zur Milchbildung ist. Zur Not kann diese nachgespritzt werden oder aber in einem Zerstäuber mehrmals täglich auf die Nase der Hündin zerstäubt werden. Arnica D6 kurbelt den Nesttrieb an. Die Vergabe von Schüßler Salz Nr.

10 3 x 2 tgl. und Bachblüten Rescue und Elm wird für einen schnellen Milcheinschuss sorgen.

DIE HÜNDIN NIMMT DIE WELPEN NICHT AN

Sollte die Hündin die Welpen nicht annehmen, schmieren Sie diese bitte nicht mit Leberwurst ein. Sorgen Sie dafür, dass die Welpen in so einem Fall erst einmal an einen ruhigen warmen Ort (Weidenkörbchen mit Wärmeplatte und Deckel) kommen, überlegen Sie noch einmal, ob Ihre Hündin gestresst ist, oder aber Schmerzen hat. Rescue Tropfen und ein paar Tropfen Novalgin (Gewicht der Hündin beachten) beheben dieses Problem schnell. Fühlt sich die Hündin eventuell durch anwesende Hunde oder Personen gestresst? Unterwürfige Hündinnen fühlen sich manchmal von dominanteren anwesenden Hündinnen so gestresst, dass sie nicht in die Wurfkiste gehen.

Steht die Wurfkiste zu zentral oder zu unruhig? Schaffen Sie Ihrer Hündin Ruhe und Geborgenheit und schließen Sie alle Faktoren von Stress und Schmerz aus. Die Vergabe von Rescue Tropfen und Arnica D6 sowie Lac caninum D 15 jede Stunde, 5 Globuli helfen der Hündin, den Wurf anzunehmen. Zunächst geht es darum, die Welpen anzulegen. Manchmal muss man energisch vorgehen, damit die Hündin das zulässt.

Besonders für Rassen, die für fehlenden Nesttrieb oder aber Aggressivität gegenüber ihren Welpen bekannt sind (z.B. Pitbulls), ist es wichtig, mit der Hündin ein Maulkorbtraining (bitte Maulkörbe verwenden, die zum Hecheln geeignet sind) und die Seitwärtslage inkl. Bauchbetastung zu absolvieren, bevor sie Mutter werden darf.

Die Welpen werden ohne Wenn und Aber angelegt. Manche Instinkte sind ein wenig eingeschlafen und müssen langsam geweckt werden. Beißt Ihre Hündin? Konsequent einen Maulkorb anlegen. Die Welpen werden alle Stunde angelegt. Zur Not wird die Hündin am Kopf festgehalten. Reden Sie gut zu, aber seien Sie konsequent. Die Versäuberung und Massage der Welpen übernehmen Sie am Anfang gänzlich. Halten Sie nach der Laktierung der Hündin vorsichtig einen Welpen vor die Schnauze. Bei den meisten Hündinnen werden die Instinkte langsam geweckt und man hat nach ca. 3-4 Tagen ein gutes Miteinander.

Sehr selten wehrt sich die Hündin vehement gegen die Welpen.

Sie müssen dann entscheiden, ob die Hündin weiter laktiert. Für solche Hündinnen ist es meistens so stressig, dass die Milch versiegt und bei Hündinnen ab 15 Kilo wird es dann auch mit dem Festhalten kritisch.

Wehrt sich die Hündin nicht vehement, knurrt aber oder fletscht die Zähne, lässt aber das Saugen mit Festhalten und/oder Maulkorb zu, obwohl sie sich einfach nicht dazu bewegen lässt, die Welpen zu säubern oder es zuzulassen, dass sie in ihrer Nähe sind, lege ich die Welpen an. Diesen Welpen wird die Interaktion von Muttertier zu Welpe fehlen. Denken Sie daran, dies gilt es nachzuholen. Es gibt Hündinnen, die sich gern für einige Stunden in das Gehege setzen lassen. Einen Versuch ist es auf jeden Fall wert. Hundegruppenleiter kennen meistens Hündinnen, die dies ab einem bestimmten Alter zulassen würden. Informieren Sie sich und achten Sie darauf, dass die Ersatzhündin durchgeimpft, parasitär nicht belastet ist und gesund ist.

AdobeStock: Ilona, Maria

DIE WELPEN VERTRAGEN DIE MUTTERMILCH NICHT

Sehr selten kommt es vor, dass die Welpen die Muttermilch der Hündin nicht vertragen. Die Milch schießt explosionsartig wieder heraus. Schnelles Handeln ist erforderlich. Stellen Sie durch einen Quick-Test sicher, dass die Welpen nicht parasitär belastet sind.

Durch die Vergabe von Aethusa D4 7 Tage lang: 3 x tgl. 2 Gl. und Schüßlersalzen Nr. 2, 4 und 9 aufgelöst in Mineralwasser 2 Tabletten auf 4ml Wasser pro Welpe zwei Tropfen kann es sein, dass die Welpen die Milch annehmen. Nach einem Tag zeigt sich Besserung. Falls nicht, müssen die Welpen mit einem Ersatzpräparat gefüttert werden.

AUFZUCHT MIT WELPEN-MILCHPULVER

Die größte Herausforderung ist die Fütterung selbst. Haben Sie auf jeden Fall ein Milchprodukt für die Welpenaufzucht parat. Wählen Sie ein Produkt, das von der ersten Stunde an geeignet ist. Viele dieser Milchpulver dürfen erst ab dem 21. Tag verfüttert werden. Nehmen Sie auf keinen Fall frische Milch von der Kuh, Ziege oder Schaf und auch kein Milchpulver für Menschen-Babys.

WIE OFT MUSS MAN EINEN WELPEN FÜTTERN?

Die Aufzucht von Welpen per Hand, sei es nur als Überbrückung oder aber als Gesamtaufzucht, ist eine Rund-um-die-Uhr-Betreuung. Um ihren Hunger und das Saugbedürfnis zu stillen, trinken die Welpen in ihrer ersten Lebenswoche rund 12- bis

20-mal täglich. Nach einer Woche vergrößern sich die Abstände zwischen dem Saugen allmählich. Bis zur vierten Lebenswoche suchen Hundewelpen immer noch ca. 8 x täglich nach den Zitzen der Hündin.

WIE VIEL MUSS EIN WELPE TRINKEN?

Wie viel ein Welpe trinkt, ist abhängig von seiner Größe und seiner Rasse. Der Welpe bekommt ca. 16 ml pro 100 Gramm. Mit der Hand aufgezogene Welpen sollten am Anfang 2 x täglich gewogen werden, um die Zunahme zu überprüfen. Er wird nicht mehr trinken, aber die Fütterungszeiten müssen dann verkürzt werden. So trinkt er öfter. Als Faustregel gilt: Ein Welpe sollte während der ersten 5 Monate pro Tag 2 bis 4 g pro kg des erwarteten Erwachsenengewichts zunehmen.

Der Milchbedarf der Welpen steigt mit deren Gewicht an und ist kurz vor dem Absetzen mit 4 Wochen am größten:

1. Lebenswoche 14 ml pro 100 g KGW

2. Lebenswoche 16 ml pro 100 g KGW

3. Lebenswoche 20 ml pro 100 g KGW

4. Lebenswoche 21 ml pro 100 g KGW

AUFZUCHT MIT DER HAND

Fehlt die Mutterhündin, so sollte man für die kleinen Hundebabys ein warmes und sicheres Umfeld schaffen. Ideal ist eine unmittelbare Umgebungstemperatur zwischen 29 und 32°C. Zusätzlich sollten sie konstant eine Wärmequelle mit 36/37 Grad haben (Wärmeplatte für Tiere), auf die sie sich zurückziehen können, wenn die Mutter nicht in der Box ist. Die Kleinen haben die ersten 2 Wochen keinen selbständigen Wärmeaustausch, sprich sie können ihre Temperatur nicht selbst regeln.

Die Verzehrtemperatur sollte handwarme 38°C betragen, bevor die Hundewelpen damit gefüttert werden. Die Milch sollte stets

AdobeStock: Stanislava

mit stillem Mineralwasser natriumarm angerührt und erwärmt werden. Abgekochtes Leitungswasser ist meistens viel zu kalkhaltig. Für eine optimale Aufzucht gibt es im Handel spezielle Aufzucht-Sets. Diese enthalten z.B. Aufzuchtflaschen, Saugaufsätze und Reinigungsbürsten. Zusätzlich sind Futterspritzen/ Pipetten sinnvoll. Neu auf dem Markt sind sogenannte Futterstationen aus Silikon, die eine natürliche Fütterung garantieren. Auch ein Sondenfütterungsschlauch kann zum Einsatz kommen, besonders gefragt, wenn die Welpen keinen Saugreflex haben.

Bei der Fütterung sollte der Welpe warm sein und es ist darauf zu achten, dass er auf dem Bauch liegt. Bei der Futterstation hat man es da leichter. Diese wird lediglich gefüllt und der Welpe verbleibt in der Kiste. Nimmt man den Welpen zum Füttern aus der Kiste, legt man ihn am besten auf eine

Wärmflasche. So unterkühlt er nicht und nimmt die richtige Position ein. Das warme Kissen oder die Wärmflasche ersetzt so den Mutterbauch. So kann der Welpe, wenn er gefüttert wird, den Milchtritt ausüben. Es ist peinlichst darauf zu achten, dass kein Tropfen in die Luftröhre kommt. Aus dem gleichen Grund darf die Milch auch nie unter Zwang eingeflößt werden. Zu Beginn sind kleinste Mengen zu verabreichen, um einem Verschlucken und einer Magenüberladung vorzubeugen. Leider kann man sagen, dass die meisten Welpen daran versterben, dass doch Tropfen in die Luftröhre kommen und die Welpen zu 80 % an einer Lungenentzündung sterben. Ich rate dringend dazu, dem Welpen gleichzeitig zur Handfütterung prophylaktisch die ersten 10 Tage eine Antibiose zu verabreichen. Alle erfahrenen Züchter und Tierärzte, die sich mit Handaufzucht beschäftigen, greifen zu dieser Methode. Die Welpen haben noch kein ausgebildetes Immunsystem, es wäre daher grob fahrlässig, ihnen keine Antibiose zu verabreichen.

AdobeStock: Stanislava

Ich löse das Antibiotikum in Mineralwasser auf und tröpfle es dem Welpen auf die Zunge. Zusätzlich bekommt jeder Welpe einen Tropfen Sab Simplex für Babys und ein Globuli Nux Vomica D6. Dies verhindert Blähungen und Bauchweh. Viele haben Bedenken wegen der Darmflora. Keine Sorge, durch die Vergabe von einem Darmaufbau-Mittel ab der 4. Woche für eine Woche holen wir das lässig auf. Viel mehr Sorgen müssen wir uns um die Leber machen. Die Leberfunktion läuft erst mit 8 Wochen normal. Deshalb unterstütze ich die Leberfunktion mit Flor de Piedra D4, 1 Globuli am Nachmittag, solange es die Antibiose gibt.

Die Milch rühre ich immer in 100 ml stillem Mineralwasser an und stelle sie dann in einer Flasche (Handelsübliche Glas Babynuckelflasche) in den Babyflaschenwärmer. So bleibt die Milch warm und ich muss diese nicht alle Stunde neu machen. Das spart Zeit und Nerven.

Ist der Welpe fertig gefüttert, ist es sehr wichtig, mit einem warmen nassen Waschlappen seinen Bauch zu massieren. Die Verdauung muss angeregt werden. Bei den neugeborenen Welpen funktioniert die Verdauung noch nicht allein.

Die Hündin schleckt den Welpen den Bauch und regt so die Verdauung an. Sie schleckt Genitalien und After kräftig und durch den Reiz können die Welpen pinkeln und Kot absetzen. Auch wenn die Hündin dies übernehmen kann, sollten Sie dies am Anfang selbst übernehmen, um sicher zu sein, dass die Welpen Kot und Urin absetzen und daran denken, dass die Welpen eine Antibiose bekommen, diesen Kot sollte die Hündin nicht unbedingt fressen. Sollte Ihre Hündin diese Bekümmerung einfordern und es klappt sehr gut, lassen Sie sie dennoch auch diesen Kot fressen, es sind nur winzige Mengen und daher nicht wirklich schlimm. Wo die Hündin fehlt, müssen Sie dies die ersten drei Wochen vollständig übernehmen. Mindestens 1- 2 Mal am Tag müssen die Welpen Kot absetzen. Wichtig ist, dass die Stimulation am After des Welpen so lange erfolgen muss, bis der Kot vollständig abgesetzt ist. Sie können für den Stimulus am After gern ein Wattestäbchen nehmen.

Wichtig für mutterlose Welpen nach der Geburt ist das Herausstreichen des Welpenpechs (Rückstände im Darm der aufgenommenen Nahrung im Mutterleib).

Bekommen die Welpen Durchfall, lassen Sie das Sab Simplex weg, sollten die Welpen noch keine Antibiose bekommen, sollten Sie dies jetzt unbedingt nachholen.

ZUFÜTTERUNGSMETHODEN

Sauger, Futterspritze, Pipette oder Futtersonde - welches ist die beste Wahl?

Ich persönlich bevorzuge die Silikonfütterungsstation oder aber die Schlauchfütterung. Pipette, Spritze und Saugflasche nehmen sehr viel Zeit in Anspruch und sind peinlich genau sauber zu halten. Besser ist, sie jedes Mal vollständig neu zu nehmen. Das macht bei einem Wurf mit vier Welpen allein am Tag für alle Welpen zusammen 48 Spritzen am Tag. Die Spritzen oder Pipette auszukochen wird sehr schwer. Es ist auch fast unmöglich bei diesen Fütterungsarten, dass der Welpe keinen Tropfen einatmet. Die Silikon- Fütterungsstation wird einfach ins kochende Wasser gestellt und die Saugenden mit Wasser durchgespült. Oft ist es leider so, dass die Welpen jegliche Form von Saugern ablehnen, ganz besonders dann, wenn sie schon an den Zitzen der Hündin gesaugt haben. Bei Welpen, die ausschließlich die Sauger zur Nahrungsaufnahme kennen, sieht es schon anders aus. Sicherlich lohnt es sich, am Ball zu bleiben, aber nicht immer treibt der Hunger die Welpen zum Saugen an. Jeder, der schon versucht hat, Welpen mit der Hand aufzuziehen, kann davon ein Lied singen. Dann heißt es, den Welpen Tröpfchen für Tröpfchen mit der

Spritze oder der Pipette füttern. Schon bei einem Welpen grenzt das über den Tag gesehen an ein sehr schwieriges Unterfangen. Einen ganzen Wurf die erste Woche so über den Berg zu bringen: fast unmöglich. Das wäre ein 24-Stunden-Job, den man keine 48 Stunden durchhält. Man bräuchte 4 Helfer, die allesamt die gleiche Obacht wie Sie aufbringen, was kaum je der Fall sein wird. Deshalb: Wenn die Welpen nicht saugen oder noch keinen Saugreflex haben, setze ich die Schlauchfütterung, sprich Magensonde ein.

MAGENSONDENFÜTTERUNG

Die Magensondenfütterung ist sehr effizient, wenngleich sie vielleicht ein wenig Überwindung kostet. Bestenfalls sollte Sie ein erfahrener Züchter am Anfang unterstützen. Fakt ist: Man sollte entschlossen ans Werk gehen, denn halbherzig, ängstlich und zögernd funktioniert es nicht.

NAHRUNG MIT DER SONDE

- Sowohl die Milch als auch die Zugaben werden wie oben erklärt zubereitet und in den Wärmer gesteckt. (Achten Sie darauf, dass die Milch nie verklumpt)
- Zusätzlich besorgen Sie sich Gummifütterungsschläuche (gibt es in unterschiedlichen Größen beim z.B. Tierarzt) und Einmal-Spritzen
- Eine rutschfeste Unterlage sorgt dafür, dass der Welpe beim Füttern nicht zurückrutscht
- Messen Sie die Distanz vom Mäulchen des Welpen bis zum Magen (der Magen befindet sich ca. auf der Höhe der hintersten unteren Rippen)
- Markieren Sie diese Distanz an der Sonde (gemessen vom untersten Ende, wo die Sonde abgerundet ist und die Fütterungslöcher hat) mit einem wasserfesten Stift. Nun kann es losgehen.

Der kleine Schlauch ist ca. 40 cm lang. Die weite Öffnung wird auf die gefüllte Spritze gesteckt und der warme Welpe auf die rutschfeste Unterlage gelegt.

Die Milch wird in den Schlauch gespritzt, so dass keine Luft mehr im Schlauch ist. Nun ist am Ende der Sonde schon warme Milch. Gehen Sie jetzt mutig und zielstrebig ans Werk und halten Sie den Welpen mit der linken Hand ruhig auf der Unterlage. Lassen Sie sich vom Gewimmer oder aber vom Gezappel nicht beeindrucken. Öffnen Sie durch sanften Druck mit zwei Fingern das Maul und schieben Sie die mit der Milch angefeuchteten Sonde über die kleine Tellerzunge durch die Speiseröhre. Sie werden erstaunt sein, wie leicht die Sonde über die Zunge in die Speiseröhre gleitet. Schieben Sie den Schlauch vorsichtig weiter bis zur Markierung, sollten Sie schon kurz vor der Markierung einen Widerstand wahrnehmen, setzen Sie die Sonde einen Millimeter zurück. Ich fixiere die Sonde mit zwei Fingern und drücke die Menge, die der Welpe trinken soll, zügig durch die Spritze. Bei Welpen, die den Start ohne die Hündin machen müssen oder aber noch keinen Saugreflex haben, nehme ich am Anfang noch nicht die vollständige Menge der Milch, sondern füttere die ersten Male die Hälfte, da die Welpen in der Regel am Anfang auch erst einmal das Kolostrum trinken würden. Sollten Sie ein Kolostrum im Haus haben, wäre es ratsam, mit dem Kolostrum anzufangen. Dieses sollte vorzugsweise von einer Ziege kommen und natürlich auch nur warm verfüttert werden. Nach 1-2 Tagen fange ich dann mit der Aufzuchtsmilch an. Wobei ich den Rest des kostbaren Kolostrums zur Milch gebe.

Welpen, die bereits gesäugt worden sind, bekommen dann die vollständige Menge der Milch, die sie brauchen.

Hat der Welpe die Menge erhalten, ziehe

AdobeStock: natrocfort

ich den Schlauch vorsichtig wieder heraus. Haben Sie keine Angst, den Welpen mit der Sonde zu verletzen. Solange der Schlauch über die Zunge geführt wird, kann der Schlauch nur in der Speiseröhre landen. Falsch wäre es, den Schlauch nicht bis zum Magen zu führen, dann spuckt der Welpe die Milch meist wieder aus. Nach wenigen Malen haben Sie den Dreh raus.

Spritze und Sonde werden mit abgekochtem heißem Wasser durchspült. Denken Sie daran, dass die Welpen unterschiedlich groß sind und wachsen. Die Messung sollte also ständig kontrolliert werden.

Nach dem Füttern wird der Welpe dann weiter versorgt, wie nach jeder anderen Fütterung auch.

Saugwelpen, die mutterlos aufwachsen, oder aber bei denen die Hündin während der Aufzucht ausfällt, gewöhne ich sehr schnell an die Zufütterung mittels eines Tellers.

TELLERFÜTTERUNG

Damit fange ich dann spätestens beim Öffnen der Augen an und frühestens ab Tag 10. Das auch nur, wenn es wirklich notwendig ist, die Welpen zuzufüttern. Wenn es schon absehbar ist, dass die Hündin Probleme bekommt, fange ich, vorausgesetzt die Welpen sind dann schon so weit, ebenfalls mit der Tellerfütterung an.

Setzen Sie den Welpen auf eine gerade, rutschfeste Fläche. Tröpfeln Sie etwas warme Milch auf einen flachen sterilen Teller. Achten Sie darauf, dass der Welpe im Eifer nicht die Nasenöffnung in die Milch steckt. Der Welpe wird den Teller noch nicht sehen, sein Riechorgan funktioniert aber perfekt. Bald wird er lernen, meist halb leckend halb saugend, die Milch vom Teller aufzunehmen. Haben Sie Geduld, es gibt Welpen, die haben es sofort drauf und Welpen, die brauchen Zeit. Wiegen Sie die Welpen und entscheiden Sie dann, ob und wie Sie zufüttern. Wichtig ist, nicht zu vergessen, die Welpen zum Urinieren und Koten zu bringen, falls die Mutter das nicht übernehmen kann.

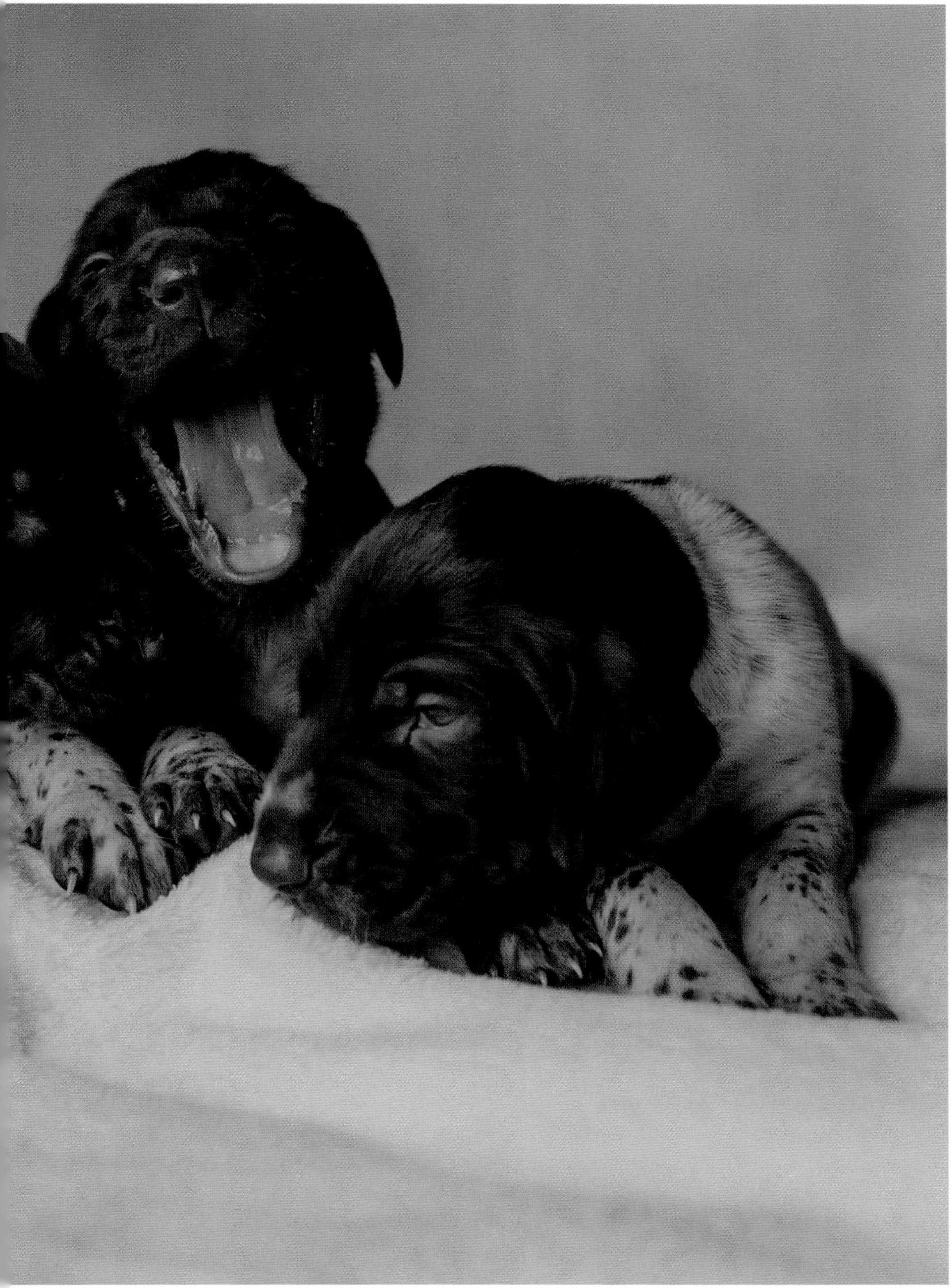

AdobeStock: Stanislava

08

DIE AUFZUCHT

INTRO.

Mit der Aufzucht steht und fällt die Zukunft neuer Lebewesen.

Gesunde, wesensstarke und gut vorbereitete Welpen, das sollte Ihr Ziel sein. Hunde müssen gerade in unserer heutigen Zeit sehr anpassungsfähig sein. Das gelingt ihnen nur, wenn sie eine ordentliche Portion Frustrationstoleranz mitbringen.

Dafür können Sie den besten Anfang schaffen.

Es sind und bleiben Tiere, die auch als solche verstanden und behandelt werden sollten. Eine Vermenschlichung während der Aufzucht führt zu absolutem Fehlverhalten der Hunde in ihrem späteren Leben und wird ihnen nicht helfen, den Platz in ihrer Familie einzunehmen.

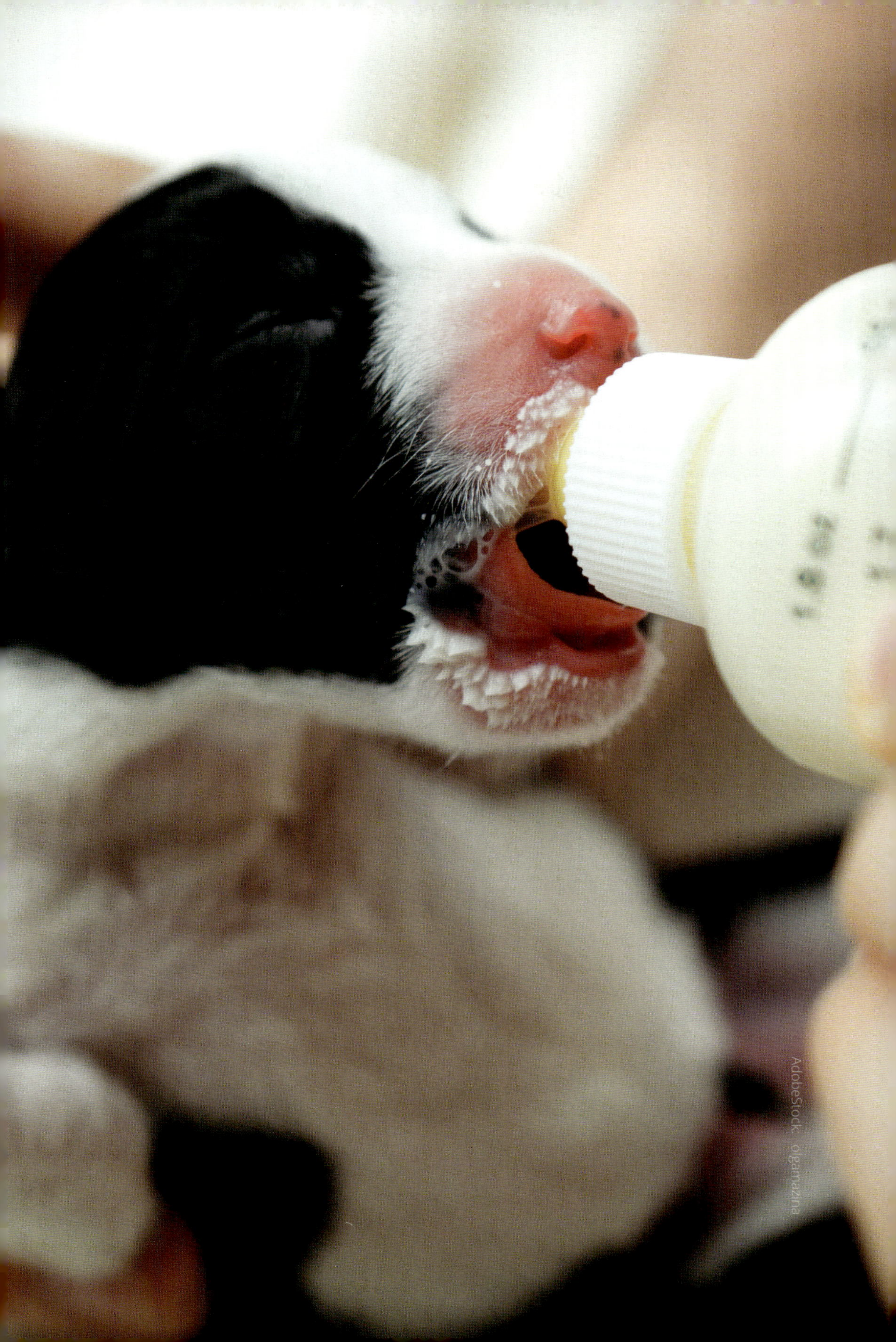

AdobeStock: olgamazina

GRUNDSÄTZLICHES ÜBER DIE AUFZUCHT

AdobeStock: Tatyana Gladskih, fotorena.de

Immer wieder sehe ich unsachgemäße Aufzuchten. Falscher Stand der Wurfkiste, ständig herausgenommene Welpen in den ersten Wochen, für Fotos bis zur Lächerlichkeit entstellt. Welpen, die gerade ihre Augen öffnen, werden ins frische Gras gesetzt oder aber man fährt mit dem ganzen Wurf im Wohnmobil spazieren, weil es ja gerade Sommer ist.

Ich könnte die Liste unendlich verlängern. Vieles passiert aus Unwissenheit, einiges eben, weil der Mensch sein Gehirn nicht einschaltet und manches, weil der Mensch es eben genauso machen möchte. Gerade die Vermenschlichung von Hunden wird zunehmend ein Thema und immer mehr zum Problem und zur Geduldsprobe für Trainer in Hundeschulen.

Ich persönlich halte nichts von frühwelplichen Turnübungen. Sicherlich, wenn es um die frühe Prüfung von Welpen geht, die als Begleithund dienen sollen, macht es Sinn und ist ein Muss, gewisse Tests durchzuführen, welche Welpen sich eignen würden. Aber generell gilt, je weniger man in den ersten Wochen in den Wurf eingreift, desto harmonischer ist bei den Welpen und der Hündin alles im Fluss. Wenig Störung bewirkt einen gleichmäßigen Fluss im Kreislauf der laktierenden Hündin. Wenig Hektik und Stress heißt: Die Hündin findet schneller ihren optimalen Fluss, die Welpen und sich selbst zu versorgen. Natürlich erfordert es ein Eingreifen, wenn dazu die Notwendigkeit besteht. Aber egal, welche Probleme in der Aufzucht entstehen, es

verlangt immer nach einem ruhigen und sachlichen Handeln. Läuft alles seinen Gang, ist weniger meistens mehr. Die Welpenbesuche sollten auf keinen Fall vor der 4. Woche stattfinden.

Fühlt sich die Hündin nicht sicher und kann sie Reißaus nehmen, verschleppt sie womöglich ihre Welpen, was deren sicherer Tod wäre. Die Hündin weiß nicht, dass die Welpen ihre Temperatur nicht alleine halten können.

8.1 WOCHE 1 UND 2 DER AUFZUCHT. STELLUNG DER WURFKISTE

Ruhe und Geborgenheit sollten in den ersten Wochen an erster Stelle stehen.

Deshalb rate ich dazu, auch die Wurfkiste an einen ruhigen Ort zu stellen. So praktisch der Überblick im Wohnzimmer auch ist, weil man sich da eben am meisten aufhält - es ist zu hektisch für die Hündin. Das Argument, sie würde sich allein im Raum fühlen und langweilen, ist schlichtweg falsch. Die Hündin ist beschäftigt und es erfordert ihrerseits viel Kraft, diese Herausforderung zu meistern. Die Wurfkiste sollte immer in einem ruhigen Raum stehen, in dem für eine ausreichend warme Umgebungstemperatur gesorgt werden kann. Das gestaltet sich schon schlecht im eigenen Schlafzimmer, da man sich unweigerlich in der Nacht wie im Hochsommer fühlt und selbst nicht zur Ruhe kommt, weil es so warm ist. Wer so einen Extra-Raum nicht hat, wählt ein ruhiges Plätzchen und schafft durch eine in einer Höhle stehende Wurfkiste die nötige Ruhe und Wärme. Andere Hunde im Rudel sind fernzuhalten, bis die Hündin selbst signalisiert, dass Kontakt okay ist. Für manche Hündinnen ist das in Ordnung. Manche werden schon hysterisch, wenn nur ein anderer Hund an das Gehege kommt. Diese Aufregung gilt es zu vermeiden. Da die Hündin vermehrt trinkt und sowohl den Kot als auch den Urin der Welpen aufnimmt, ist daran zu denken, sie öfter als sonst herauszuführen. Eine Hündin, die ihren Urin anhalten muss, bekommt leicht einen Milchstau.

INSTINKTE MITEINBEZIEHEN

Auch wenn unsere Hunde Haustiere sind, folgen sie ihren Instinkten. Sie regulieren ihr Leben, sind angeboren, zweck- und zielgerichtet und artspezifisch. Instinkte entwickeln sich nach einem genetischen Code und sind nicht veränderbar. Als Regulatoren steuern sie die Intensität des Verhaltens der Hunde. Das Problem entsteht dann, wenn wir diese Instinkte nicht beachten. Man weiß heute, dass die Aufzuchtsumwelt sehr viel bedeutender ist, als bisher angenommen.

In meinen Aufzuchtseminaren betone ich die Wichtigkeit dieser Wochen. Man spricht in den ersten 2 Lebenswochen von der neonatalen/vegetativen Phase. Die Welpen kommen blind und taub zur Welt. Die wichtigsten Empfindungen in dieser ersten Zeit sind Hunger und Kälte. Die meiste Zeit schlafen die Kleinen oder suchen den Kontakt zur Mutter, um Nahrung aufzunehmen und sich zu wärmen. Auf der Suche danach zeigen sie das Suchpendeln: Die Welpen bewegen ihren Kopf hin und her und machen Kreisbewegungen. Das dient dazu, sich nicht zu weit vom Nest zu entfernen. In dieser Zeit findet schon ein erstes Lernen statt. Bei Hunger oder Kälte müssen die Welpen aktiv etwas dagegen tun und werden mit dem Erfolg, der Nahrungsaufnahme oder dem Körperkontakt belohnt. Diese Erfahrung sollte ihnen nicht durch zu viel Hilfe vom Menschen genommen werden. Wärmelampen, die im Dauerbetrieb von oben auf die Welpen scheinen, sind daher tabu. Durch die Dauerwärme wird der Welpe an der natürlichen Herausforderung gehindert, eben diesen Sozialaspekt zu entwickeln. Besser ist eine Wärmequelle in einer Ecke der Wurfkiste, zu der die Welpen dann hinkriechen müssen. Milder Stress fördert ein stabiles emotionales Gleichgewicht. Die Welpen sollen in dieser Phase ihrer Entwicklung behütet sein, aber nicht überversorgt werden.

AdobeStock: Karoline Thalhofer

WELPENZUNAHME IN DEN ERSTEN 2 WOCHEN

In den ersten 2 Wochen schlafen Welpen fast 90% des Tages. Die gesamte Zeit des Wachseins wird zum Saugen verwendet. Alle Energie ist auf das Wachsen konzentriert. Das Geburtsgewicht verdoppelt sich also in 10-12 Tagen. Um ihren Hunger und das Saugbedürfnis zu stillen, trinken die Welpen in ihrer ersten Lebenswoche rund 12- bis 20-mal täglich. Nach einer Woche vergrößern sich die Abstände zwischen dem Saugen allmählich. Bis zur vierten Lebenswoche suchen Hundewelpen aber immer noch rund acht Mal täglich nach den Zitzen ihrer Mutter. Um das Körpergewicht des klei-

DER HARNABSATZ UND KOTABSATZ DER NEUGEBORENEN HUNDEWELPEN

In den ersten Wochen funktionieren diese Reflexe bei den Hundewelpen noch nicht von alleine. Da hilft die Hundemutter ihren Welpen durch das Belecken der Analgegend. Gefährlich wird es für die Hundewelpen, wenn die Hundemutter dieses Verhalten nicht zeigt.

Die Folgen sind dann für die Hundewelpen:

- Blähungen
- Verstopfung
- Manchmal hat dies auch den Tod der Hundewelpen zur Folge.

nen Welpen überwachen zu können, sollten unerfahrene Züchter alle Welpen, auf jeden Fall aber Wackelkandidaten einmal am Tag wiegen. Es kann sein, dass die Welpen in den ersten 2

Tagen erst einmal nicht zunehmen, vielleicht nehmen sie sogar ab. Alles noch kein Grund zur Sorge. Von dem 3. Lebenstag an sollten die Hundewelpen dann aber kontinuierlich zunehmen. Gesunde Welpen einer normal säugenden Hündin nehmen pro Tag etwa 10% zu. Haben die Welpen die 6. Lebenswoche erreicht, dann sind sie 6–10 mal schwerer als am Tag ihrer Geburt. In einem Alter von 5 – 6 Monaten haben die meisten Welpen die Hälfte ihres Endgewichtes im erwachsenen Alter erreicht.

Die Hundemutter sorgt dafür, dass das Wurflager sauber bleibt, indem sie die Exkremente ihrer Welpen aufleckt. Trotz alledem wechseln Sie bitte täglich das Wurflager, achten durch Fiebermessen darauf, dass die Hündin keine Temperatur entwickelt, sorgen für ausreichend Wasser und Futter sowie für vermehrtes Gassigehen. Denken Sie daran, die Hündin zum Gassigehen nicht an hochfrequentierte Hundeplätze zu führen und sie zu säubern, bevor sie in die Welpenkiste zurückgeführt wird.

Wenn die Hündin die Box verlässt, sollten alle Welpen vor Kälte und Zug geschützt

AdobeStock: nuzza11

werden. Schieben Sie sie auf die Wärmequelle in der Wurfbox und legen Sie ein gerolltes Handtuch oder eine Decke um die Welpen. Sind Sie geübter, decken Sie einfach die Kiste ab. Die Welpen werden auf die Wärmequelle zusteuern und sich gegenseitig wärmen. Die Hündin wird gerade in den ersten Wochen nur kurz die Box verlassen wollen.

ENTWURMUNG UND NÄGEL SCHNEIDEN DER WELPEN

Am Ende der 14 Tage haben viele Welpen ihre Augen bereits auf. Normalerweise sagt man, dass man diesen Prozess nicht durch die Vergabe einer Wurmkur unterbrechen soll. Ich habe das nur ein einziges Mal so gemacht und bereue es bis heute. Fast wären mir alle Welpen an Wurmbefall verendet. Welpen infizieren sich meist schon im Mutterleib, aber spätestens beim Säugen mit Würmern. Die Larven verharren in den Zitzen, bis sie aktiv werden. Denken sie noch einmal daran, selbst wenn sie die Hündin im letzten Drittel der Trächtigkeit entwurmt haben, sind die Welpen niemals wurmfrei. Bereits drei Wochen nach der Geburt ist die Entwicklung dieser Larven zum adulten Wurm abgeschlossen und die Welpen scheiden Eier mit dem Kot aus. Auch ohne eine Neuinfektion der Hündin, kann diese Larven auf weitere Würfe übertragen. Diese Entwicklung der larven gilt es zu unterbinden, sprich man muss dafür sorgen, dass sie sterben. Die Welpen haben noch kein Immunsystem, was diesen Würmern gewachsen ist, deshalb ist Wurmbefall für sie besonders gefährlich und führt leider meist rasch zum Tod. Ich entwurme alle

Welpen am Ende der ersten 14 Tage, unabhängig davon, ob sie ihre Augen schon aufhaben oder nicht und versuche, die Entwurmungsbelastung durch die Vergabe von Flor de Piedra D3 zu minimieren. Um das Entwurmen zu erleichtern, nehme ich eine Paste. Ich öffne das Mäulchen des Welpen, führe die Paste, die in einer Einmalspritze ist, über die Zunge, drücke die Menge aus der Spritze heraus und halte vorsichtig das Mäulchen zu. Besser geht es noch ohne Spritze. Dazu wird die etwas festere Paste auf den Finger gespritzt und am oberen Gaumen abgestreift.

Die Krallen der Welpen wachsen schnell. Um Verletzungen am Gesäuge der Hündin zu verhindern, sollten diese alsbald gekürzt werden. Mit einer stumpfen, gebogenen Schere gehe ich unter die Kralle bis zur Spitze. Dort, wo die Schere in der gebogenen Kralle haken bleibt, kappe ich den Nagel ab.

Am Ende der zweiten Woche verändert sich die Milch der Hündin, sie wird fester und nahrhafter, was zur Folge hat, dass die Hündin nun nicht mehr alle 1-2 Stunden laktiert. Meistens merkt man die Veränderung der Milch dadurch, dass der Stuhl der Welpen etwas flüssiger wird und es gelbe Flecken auf der Unterlage geben kann. Da der Kot bei Wurmbefall ähnlich aussieht, ist es sehr ratsam, auf jeden Fall zu entwurmen.

DIE WELPEN ÖFFNEN IHRE AUGEN UND OHREN

Nach 10 Tagen fangen die Welpen langsam an zu hören und die Augen öffnen sich. Rund um das Welpenzimmer sollte es in dieser Zeit besonders ruhig sein. Die Welpen, die schon einen Namen haben, werden ab diesem Zeitpunkt unbedingt mit ihrem Namen angesprochen. Ich nutze dazu die Zeit des Wiegens. Viele Male nenne ich jeden Welpen dann bei seinem Namen. Sicherlich etwas imposant, aber sehr förderlich.

Die Augen öffnen sich von innen nach außen. Dieser Prozess sieht sehr eigentümlich aus, ist aber auf keinen Fall durch gewaltsames Öffnen zu beschleunigen. Bei manchen Welpen dauert es bis zu 4 Tage. Die Welpen werden jetzt aktiver. Sie versuchen, sich auf ihre Beine zu stellen und sehen als Allererstes ihre Wurfgeschwister. Das sind die ersten visuellen Eindrücke. Sie fangen an, mit ihrem

Fang die anderen zu erforschen und schalten übermütig oft den Rückwärtsgang ein. Besonders entzückend sind die Situationen, wenn die Welpen lautgeben und sich über ihre eigenen Laute so wundern, dass sie kurz innehalten. Langsam fangen die Welpen an, ihre Temperatur selbst zu halten. Lassen die Temperaturen es zu und ist kein kranker Welpe im Wurf, entferne ich die Wärmequelle aus der Box, so dass die Welpen noch enger Zusammenarbeit lernen, wenn es kalt wird. Der Drang, sich selbst zu lösen, wächst und Sie werden bemerken, dass der Radius der Urinspuren immer mehr an die Randregionen des Lagers rutscht. Ganz kluge Köpfe verlassen die Wurfkiste und kriechen schon ums Eck. Sorgen Sie dafür, dass dies möglich ist und legen Sie dort eine Pipiunterlage aus.

Ich mache in diesen zwei Wochen, bis auf Staunen und Wiegen und Namen nennen, nichts mit meinen Welpen. Ich behandele sie wie einen guten Hefeteig: Sie bekommen Zeit, dick und rund zu werden, ihren Rhythmus zu finden und die ersten Dinge selbst zu lernen. Dazu schaffe ich Ihnen die Möglichkeiten.

AdobeStock: nuzza11

WOCHE 1 UND 2 IM ÜBERBLICK ALLGEMEIN

Kontrolle der Hündin

- 2 x täglich Fieber messen in der ersten Woche.

Wenn sich die Temperatur leicht erhöht, mehrmals täglich das Gesäuge auf Verhärtungen überprüfen.

- Hündin immer nur kurz versäubern lassen.
- Täglich das Wochenbett neu auslegen.
- Hündin gut füttern. Zusätzlich auf ein gutes Calcium-Phosphor-Verhältnis achten! (Keine Knochen füttern)
- Frisches Wasser zur Verfügung stellen

Medizinische Versorgung der Hündin mit:

- Himbeerblättern: 1 Messerspitze ins Fressen
- Metrovetsan/Laktovetsan: 2 tägl. 8 Tropfen
- Arnica D6 2 x tgl. 5 Globuli
- Frubiase Calcium Ampulle: 1/2 bis eine pro Tag
- Traumeel 3 x tgl 1 Tbl.

- Schüßlersalz Nr. 7, 7 Stück am Tag
- am Ende der 2. Woche Hündin entwurmen.

Kontrolle der Welpen:

- Welpen wiegen
- Nabelkontrolle
- Namensgebung
- Aufzuchtprotokoll führen
- Wärmeplatte in eine Ecke der Wurfkiste legen
- ACHTUNG: Welpen regeln ihre Temperatur erst ab der 3. Woche langsam selbst.
- Ausgekühlte Welpen niemals gleich füttern oder anlegen, es droht Magenverschluss. Erst warm machen!
- Ggf. den Wurf beim Verein melden
- Den Wurf bewerben
- Betreuung der zukünftigen Welpenbesitzer
- Entwurmung am Ende der 2. Woche.
- Danach: Wurmkur ausleiten nach 6 Stunden mit Flor de Pietra D3, 1 x 5 Globuli

8.2 WOCHE 3 DER AUFZUCHT

Die kritischste Zeit der ersten zwei Wochen ist vorbei. Mehr und mehr haben Sie als Züchter nun weitere Aufgaben zu erfüllen. Aber immer schön langsam. In Woche 3 und 4 gilt nämlich das Motto: Manchmal ist weniger mehr.

Die 3. Woche ist eine Zeit der schnellen physischen und sensorischen Entwicklung. Genau genommen müsste man die 2. bis zur 4. Woche als Übergangsphase betrachten. Nicht alle Würfe sind entwicklungsmäßig gleich weit. Bei allen Empfehlungen ist also darauf zu achten, wo sich die Welpen momentan genau in ihrem Entwicklungsstatus befinden.

In der Regel beginnt die sogenannte Übergangsphase mit der dritten Lebenswoche der Welpen. Die Kleinen beginnen die Augen zu öffnen, können einige Tage später sehen und auch das Gehör entwickelt sich. Zuerst kann der Kopf gehalten werden, dann erfolgt das Aufstellen der Vorder-, später das der Hinterbeine. Kot- und Harn können langsam selbst kontrolliert abgegeben werden. Und sie werden beweglicher. Zusammen mit dem nun wachsenden Neugierverhalten sind die Welpen zunehmend motiviert, ihre Umgebung zu erkunden. Dabei haben sie zunächst keine Angst. Angst würde sie in dieser Phase hemmen und das können sie in ihrem Zustand nicht gebrauchen. Es können Schreckreaktionen vorkommen, diese sind jedoch nicht zu verwechseln mit Angst- oder Meideverhalten, welches erst ab Anfang der 5. Lebenswoche auftritt. Die Angst baut sich dann ab der 8. Lebenswoche wieder ab.

Ohren, Nase und Augen haben sich voll entwickelt. Idealerweise lernt der Welpe jetzt, mit den unterschiedlichsten Eindrücken seiner Umwelt umzugehen, wie z.B. Menschen, Geräuschen und anderen optischen Eindrücke. Er nimmt die Umwelt wahr und lernt seine Sozialpartner kennen. Im Spiel mit seinen Geschwistern lernt er, seinen sozialen Rang zu finden. In dieser Zeit werden seine Persönlichkeit und sein Temperament geprägt.

VON DER ÜBERGANGSPHASE IN DIE PRÄGEPHASE

In der Übergangsphase sind die Welpen nicht Fisch und nicht Fleisch. Sie haben die Augen geöffnet, sie hören, ihre Kräfte nehmen zu und die Interaktion der Welpen beginnt. Die Übergangsphase geht fließend in Woche 4, die Prägungsphase über. Die Prägungsphase (4. bis 7. Lebenswoche) ist ein Teil der Sozialisationsphase.

Man weiß heute, dass diese Phase sehr sensibel zu betrachten ist und meist von der 4.-12./14. Woche dauert. Bestenfalls verbringt der Welpe die letzte Zeit dieser Phase schon beim neuen Besitzer. Uns Züchtern sollte aber klar sein: Einen großen Teil dieser Phase verbringt der Welpe in dieser Zeit bei uns Züchtern. Die Prägungsphase dauert von der 4. bis zur 7. Lebenswoche und macht einen großen Teil der Sozialisationsphase aus. Wir bereiten den Welpen so vor, dass er bereits Frustrationstoleranz gelernt hat, Beißhemmung vorhanden ist, er den sozialen Umgang mit Artgenossen versteht, mit Umwelt und Haushaltsgeräuschen vertraut ist, weiß, was Pipi und Kaka machen ist, bestenfalls seinen Namen kennt, weiß, dass Menschen Regeln setzen, aber verlässlich sind und dass es Ruhepausen gibt. Wird der Welpe so vorbereitet, kann er die letzten Wochen seiner Sozialisationsphase gut vorbereitet für die Eingliederung in seine neue Familie nutzen.

Entzieht man dem Welpen in dieser Phase alle diese Eindrücke, wird er mit großer Wahrscheinlichkeit später Sozialisierungsprobleme haben. Deshalb ist es wichtig, einige Regeln zu beachten, damit man den Welpen in diesen Phasen richtig unterstützt. Da nützt ansonsten auch alle Frühförderung nichts mehr. Wo sich der Welpe genau von Übergangsphase in Prägungsphase/Sozialisierungsphase befindet, ist sehr individuell und sollte, wie eingangs erwähnt, bei allen Empfehlung genau berücksichtigt werden.

AUSSENREIZE VERSTÄRKEN

Die geistige und körperliche Entwicklung eines Welpen wird durch eine komplexe Umgebung unterstützt. Ein verantwortungsbewusster Züchter gewöhnt den Welpen langsam an menschliche Interaktionen, Spielzeug, Lärm und andere Reize. Wobei in Woche 3 menschliche Interaktionen wie: Wiegen, Lager versäubern, Entwurmen und vorsichtige Liebkosungen ausreichend sind. Wichtig ist die Lernspirale, die er mit seinen Wurfgeschwistern hat. Seien Sie Zuschauer und genießen Sie das Spektakel. Und denken Sie daran: Ihre Welpen brauchen Schlaf. Viel Schlaf hilft, alles Erlernte schnell zu begreifen.

Ab Woche 4 bleibt die Tür zum Wurfzimmer auf. Haushaltsgeräusche und Tagesabläufe der Menschen finden ihre Einführung. Sind die Welpen wirklich sicher im Umgang miteinander, können erste Reize ihren Einzug finden.

Ich erlebe es immer wieder, dass Züchter ab Ende der vierten Woche ihr ganzes Spielarsenal verschießen. Wie sollen die Welpen so untereinander den sozialen Umgang lernen? Frustrationstoleranz will gelernt sein. Und die Beißhemmung setzt nur dann ein, wenn es von einem anderen Welpen das Feedback durch einen lauten schrillen Schrei gibt: „Aufhören! Das tut weh“. Eine Plastikente, die beim Hereinbeißen immer fröhlich quietscht, vermittelt einfach das falsche Signal. Viele Welpen entwickeln die Beißhemmung erst durch ihre neuen Besitzer. Nicht optimal für beide Seiten.

Züchten Sie keine Ego-Monster, die für den Rest ihres Leben bespaßt werden wollen.

In der Regel sind die Welpen jetzt das erste Mal entwurmt und es wurden bereits, wenn es sein musste, mehrmals die Nägel gekürzt. Die letzten zwei Wochen waren mehrheitlich durch die Nahrungsaufnahme, Schlaf und die Pflege durch die Hündin geprägt. Nun wird es auf einmal sehr aktiv in der Kiste.

LASSEN SIE DIE HÜNDIN IHRE AUFGABE ERFÜLLEN.

Wichtig ist, dass die Mutterhündin weiter ihre Aufgabe wahrnehmen darf. An dieser Stelle sei noch mal betont, dass ein Durchgangsraum oder das Wohnzimmer sich als Aufzuchtort nicht eignen. Die Hündin braucht Ruhe und Geborgenheit und sollte, wenn möglich, durch nichts abgelenkt werden. Viele Hündinnen finden deshalb nicht in ihre Mutterrolle, weil sie dazu einfach keine Möglichkeit haben, abgelenkt werden oder aber von den Besitzern immer auch wieder in ihre eigentliche Rolle als Haushund gedrängt werden. Eine Zuchthündin ist in der Aufzucht kein Begleithund!

Immer wieder begreifen Züchter nicht, dass ihre Hündin jetzt andere Aufgaben hat. Natürlich möchte die Hündin ihre gewohnten Abläufe beibehalten, aber es liegt an Ihnen, sie an ihre neue Rolle heranzuführen, wenn sie diese nicht instinktiv wahrnimmt. Lassen Sie sie bei ihren Welpen. In den ersten Wochen muss die Hündin nicht auch noch mit Ihnen auf dem Sofa sitzen, weil Sie es so schön finden. Auffällig schwer wird es für Begleithunde im Einsatz. Ob es ratsam ist, sie von ihrem Aufgabenbereich zu entbinden und für die Zucht einzusetzen, möchte ich bezweifeln.

Man kann nicht davon ausgehen, dass eine Hündin für die Aufzucht den Instinkt in Gänze besitzt, sich hingebungsvoll um ihre Welpen zu kümmern. Ich habe Hündinnen erlebt, die die ersten 3-4 Tage nicht einmal zum Versäubern nach draußen gehen wollten. Mit Eifer kümmerten sie sich um ihre Welpen. Dann allerdings ließ das Interesse nach und die Hündin wollte ihrem gewohnten Leben nachgehen. Es ist in Ordnung, wenn die Hündin dann und wann die Box verlässt. In der dritten Woche wird sie sich öfter vor die Box legen. Allerdings sollten Sie in der Nähe verbleiben, sprich in dem Zimmer, wo die Welpen-Box steht.

Die ersten Lernerfahrungen in der Lernspirale, die für ihr weiteres Leben so wichtig sind, machen die Welpen zusammen im Verbund. Sollte die Mutter öfter die Box verlassen, ist darauf zu achten, dass die Welpen eine Wärmequelle in der Box haben. Die Welpen können zwar langsam selber ihren Wärmeaustausch regeln, aber am Anfang sollte man noch etwas vorsichtig sein. Die Wärmequelle sollte nicht in der ganzen Kiste liegen, sondern nur in einer Ecke, sonst kann es gar sein, dass die Hündin genau aus diesem Grund nicht in der Kiste ist. Es ist hier einfach zu warm.

Auch das dauernde „Reingreifen" in die Kiste und eine übertriebene Interaktion mit den Welpen bewirkt, dass die Hündin verwirrt ist. Wenn Sie Pech haben, möchte sie den Job ganz an Sie abgeben.

Ein eigenes Aufzucht-Zimmer ist für die Hündin von großem Vorteil. Ein Gitter vor der Tür schützt vor anderen Hunden im Haus. Sie ist immer noch ein Teil der Familie, merkt aber alsbald, dass ihre Aufgabe als normaler Haushund nicht mehr vonnöten ist.

Die Welpen sollten durch einen Baldachin oder einen Deckel über der Kiste vor Zug und Wind geschützt werden. Natürlich kommt die Hündin zum Pipimachen raus. Das wird ab Woche drei auch immer öfter stattfinden müssen, da die Mengen, die die Welpen an Kot und Urin abgeben, immer mehr werden.

AdobeStock: Tatyana Gladskih, Анна Постернак

WAS DIE WELPEN JETZT KÖNNEN

Der Drang zum Selbstversäubern wächst von Tag zu Tag, so dass die Hündin spätestens in Woche vier nicht mehr alle Bächlein und Haufen auffangen wird und kann. Die Gehversuche der Welpen machen Fortschritte, sind aber immer noch wackelig, die Hintermuskulatur wird stärker und beim täglichen Wiegen oder beim Versäubern der Wurfkiste versuchen sie zunehmend, Kontakt mit dem Züchter aufzunehmen.

Da die Welpen anfangen, sich sehen zu können, wächst bei ihnen der Drang, alles Mögliche an sich zu erforschen. Sie nehmen ihre Pfoten in die Schnauze oder saugen an den anderen Welpen herum.

Einige der Welpen entdecken sogar schon ihre Stimme. Ihre Lautäußerungen sind nicht mehr zu überhören. Und auch die Stimmen werden differenzierter. Manchmal hören sie sich selbst beim Heulen zu und es dauert ein wenig, bis sie begreifen, dass sie das selbst sind. Die ersten Kampfansagen an ihre Geschwister werden vorgenommen, wobei ihre tollpatschigen Bewegungen sie meistens noch daran hindern. Viele Welpen schaffen am Anfang nur, den Rückwärtsgang einzulegen. Das ist ein Schauspiel, was in Ruhe beobachtet werden kann. Manche Welpen liegen auch wie dicke Bären noch lange auf dem Rücken, seien Sie unbesorgt: Auch die Dicken lernen alsbald, dass es besser ist, sich zu

AdobeStock: Stanislava

bewegen. Sollten Sie allerdings einen Welpen entdecken, der seine Hinterläufe nicht einsetzen kann, ist die Wahrscheinlichkeit groß, dass es sich um einen sogenannten „Schwimmer" handelt. Wir gehen auf die Behandlung an anderer Stelle noch näher ein.

FRÜHFÖRDERUNG JA ODER NEIN?

Ich werde immer wieder gefragt, was man von Anfang an für die Frühförderung machen kann. Erstaunlicherweise sind die meisten über die Antwort ein wenig missgestimmt.

Alles, was die ersten zwei Wochen betrifft, lernen die Welpen wahnsinnig viel in Interaktion miteinander und der Mutter. Nicht nur, dass sie lernen, dass Anstrengung gleich Belohnung ist, sie lernen auch, dass es bestimmte Zeiten gibt. Manche Welpen verschlafen regelrecht Mahlzeiten. Das machen sie nicht allzu oft, sonst plagt sie der Hunger. Sie halten sich also natürlich an ein Zeitgefühl, aber auch das will gelernt sein. In Woche drei und vier müssen sie lernen, dass trotz Stimme und Widerstand, den sie jetzt schon sehr massiv einsetzen lernen, der Züchter trotzdem konsequent alles umsetzt, was es zu tun gibt. Die Beißhemmung findet ihren Anfang und wenn man den Raum schafft, lernen sie,

ihr Nest nicht zu beschmutzen und ums Eck auf das Pille-Pad zu machen. Sie machen die ersten Frusterfahrungen, lernen Haushaltsgeräusche und vor allem den Menschen kennen.

Die wichtigen Learnings sind deshalb die, dass der Züchter zeigt, er ist ein verlässlicher und fürsorglicher Partner. Das erreicht der Züchter nicht dadurch, dass er seinen Welpen möglich viel Spielsachen in das Gehege packt und täglich für Abwechslung sorgt, sondern dass er phasengerecht den Bedürfnissen der Welpen gerecht wird. Das beinhaltet auch, dass der Welpe lernt, dass es trotz Protest ein konsequentes Handeln seitens des Menschen gibt. Ein Züchter, der seinem Welpen schon jetzt sämtliche Allüren durchgehen lässt, fördert ein Verhalten, was Hundeschulen wirklich beklagen. Die Hunde bringen immer weniger Frustrationstoleranz mit.

WAS WELPEN JETZT LERNEN.

Möchten Sie etwas mit Ihrem Welpen machen, handeln Sie konsequent. Eine Züchterin, die Berner Sennenhunde züchtete, sagte mir, sie könne die Welpen einfach nicht festhalten und ihnen die Wurmkur geben. Ich fragte mich im Stillen, was sie in der 6. Woche machen würde. Diese Welpen wiegen am Ende der 2. Woche bestenfalls 2-3 Kilo und sie werden nicht leichter. Deshalb fassen Sie den Welpen nicht zögerlich oder zu vorsichtig an, wenn Sie etwas mit ihm machen. Fassen Sie ihn fest an und bauen Sie eine Vision von dem auf, was Sie mit dem Welpen machen möchten. Sie werden sehen, der Welpe wird sich das bei weitem besser gefallen lassen als zögerliches Handeln. Sonst setzen Sie eine Lernspirale in Gang, die sieht wie folgt aus: „Ich meckere und Mensch gibt nach.“ Kein guter Start. Setzen Sie in Ruhe Ihre Tätigkeit fort, dann lernt der Welpe, dass es auch normal ist, dass Dinge passieren, die er nicht mag.

AdobeStock: Stanislava

Die Welpen schlafen immer noch viel. In ihren Wachphasen fangen sie an, sich miteinander zu beschäftigen und sich wirklich richtig kennenzulernen. Das ist anstrengend. Laufen lernen, seine Geschwister kennenlernen. Versuchen Sie aber, sich zurückzuhalten. Auch jetzt lernen die Welpen das meiste voneinander. Den Menschen nehmen sie als liebevollen Gefährten wahr, sie sollen ihn nicht wahrnehmen als jemand, der sie am Schlafen hindert oder gar ihren Rhythmus stört. Manchmal ist weniger mehr. Gut ist, wenn die Welpen jetzt schon alle Namen bekommen. Je öfter Sie den Welpen mit diesem Namen ansprechen, desto vertrauter wird er und desto schneller begreift er, dass er gemeint ist, wenn Sie seinen Namen rufen.

MILCHWECHSEL BEI DER HÜNDIN

Die Milch der Hündin verändert sich und der Reinigungsprozess der Hündin neigt sich dem Ende zu. Mit der Folgemilch sind die Welpen länger satt. Deshalb ist es völlig normal, dass die Hündin jetzt anfängt, längere Pausen zwischen den Mahlzeiten zu machen. Das ist nötig, da diese Arbeit sehr anstrengend ist. Es ist extrem stoffwechselbelastend. Manche Hündinnen bekommen beim Milchwechsel kurz einen Fieberschub

oder aber Durchfall. Das legt sich aber meistens nach ein paar Stunden wieder. Kontrollieren Sie regelmäßig am Tag das Gesäuge. Gerade zum Milchwechsel kann es zu Verhärtungen kommen, die sich sehr schnell zu einer Mastitis ausbauen können. Spezielle Hunderassen und gerade kleine Hunde sind in dieser Phase gefährdet, deshalb am besten weiterhin Fieber messen.

ETWAS ZUR MUTTERMILCH:

Muttermilch lässt sich in drei Phasen unterscheiden: Kolostrum (1.-3. Tag), Übergangsmilch (4.-14. Tag) und reife Muttermilch (ab dem 15. Tag).

Die Milch ist auf die Bedürfnisse der Welpen abgestimmt. Sie besteht aus Nährstoffen wie Fett, Eiweiß, Kohlenhydrate und einer Vielzahl an Vitaminen, Mineralstoffen und Spurenelementen. Mit der Zeit gewinnt die Milch zunehmend an Fettanteil und wird somit sättigender und noch nahrhafter für die Welpen. Der Laktoseanteil bleibt gleich, obgleich er ohnehin sehr gering ist. Wichtig ist daher, dass Sie den Welpen niemals Kuhmilch geben.

Sie können diese nicht verstoffwechseln und bekommen schwere Durchfälle. Auch von Joghurt oder ähnlichen Experimenten ist meiner Meinung nach abzusehen. Am besten wäre etwas von Ziege oder Schaf. Der Laktosegehalt ist sehr niedrig. Welpen, die nicht mehr saugen, machen eine Veränderung dahingehend durch, dass sie von nun an Laktose immer weniger verstoffwechseln können. Deshalb kann man sagen, dass alle erwachsenen Hunde laktoseintolerant sind.

Die Zusammensetzung der Muttermilch ist nicht konstant: Überhaupt ist der Einbruch der reifen Muttermilch für die Hündin, wie schon erwähnt, für ihren Stoffwechsel Hochleistungssport.

Störungen können den Verlauf der Veränderung der Muttermilch beeinflussen. Erstrebenswert ist ein gleich bleibendes Laktieren, also eine ausgeglichene Hündin, die nicht gestört wird, um die Milchproduktion gleich bleibend zu erhalten. Deshalb noch einmal: besser kein Besuch für Hündin und Welpen in den ersten Wochen. Ohnehin besitzen die Welpen noch kein intaktes Immunsystem und reagieren auf Fremdkeime oftmals mehr als empfindlich.

AdobeStock: Karoline Thalhofer, SandraSeyJarocka

DIE ZÄHNE KOMMEN

Bei vielen Welpen brechen jetzt die Zähne durch. Die Hündin merkt dies und neigt immer mehr dazu, die Welpen nur kurzfristig zu säugen. Die kleinen spitzen Zähne sind sehr schmerzhaft.

Es ist also völlig in Ordnung, wenn sie über längere Zeitspannen nicht in die Kiste der Welpen geht. Deshalb ist es wichtig, dass die Hündin einen Ein- und Ausstieg hat, der hoch genug ist, dass die Welpen ihn nicht erklimmen können. Auf jeden Fall sollte sie eine Fluchtmöglichkeit haben und einen erhöhten Platz bekommen, auf dem sie in Ruhe alles beobachten kann und von ihren Welpen nicht belagert wird. Ihr anschwellendes Gesäuge zwingt sie immer wieder, zu den Welpen zu gehen, um sich Erleichterung zu verschaffen. Gesäugt wird aber nur kurz, weil die spitzen Zähne dies anders nicht mehr zulassen. Und obwohl die Milch sehr reichhaltig ist, werden die Welpen nun nicht mehr satt. Frisches Wasser sollten Sie den Welpen schon ab Ende der 3. Woche in das Gehege stellen. Spätestens ab dem Zeitpunkt, an dem die Hündin ihre Welpen wegbeißt, sollten Sie anfangen, die Welpen zuzufüttern. Viele Hündinnen fangen in dieser Zeit an, ihren Welpen das eigene Futter hervorzuwürgen und sie so zu füttern. Sie spüren, dass ihre Welpen jetzt nicht mehr satt werden. Bei den meisten Hündinnen ist dieser Instinkt verloren gegangen oder wird nur sporadisch eingesetzt. Auslösen tun die Welpen diesen Würgereflex, indem sie an den Lefzen der Mutter lecken. Ich rate dazu, dies zuzulassen, es ist ein natürlicher Vorgang. Achten Sie bei Hündinnen, die ihre Welpen auf diese Weise „zufüttern", aber bitte immer darauf, dass die Hündin genügend zu fressen bekommt, so dass auch für ihre Erhaltung genügend vorhanden ist. Es gibt Hündinnen, die diesen Reflex so ausgiebig zelebrieren, dass Sie dann in der Zufütterung keine Chance haben. Denn die Welpen lieben das hervorgewürgte Futter. Das ist dann der Zeitpunkt, einzugreifen und die Hündin für die Fütterungszeiten aus dem Gehege zu nehmen.

TÄGLICHE ROUTINE FÜR DIE HÜNDIN.

Am Ende der vierten Woche ist es wieder möglich, die Hündin zu kleinen Spaziergängen zu animieren. Achten Sie dabei darauf, die Hündin danach immer gründlich zu säubern, denn sie geht noch zu den

Welpen herein und könnte die Welpen mit Fremdkeimen belasten.

Auch Fiebermessen und die Vergabe von Himbeerblättern, Metrovetsan und Calcium sind auf jeden Fall vonnöten. So manch ein Züchter wähnte sich in Sicherheit vor Eklampsie und Mastitis und hatte zum Schluss doch das Nachsehen. Die spitzen Zähne können die Zitzen verletzen. Dadurch können in dem hängenden Gesäuge Keime auf dem Spaziergang eindringen und für Infektionen sorgen. Deshalb gehören Fiebermessen, die Überprüfung des Gesäuges zur täglichen Routine und wer ganz sichergehen will, sprüht nach dem Spaziergang das Gesäuge mit Octenisept ein.

Das zusätzliche Calcium abzusetzen wäre jetzt noch keine gute Idee. Auch wenn sich die Milch zurückbildet und weniger wird, ist sie sehr viel gehaltvoller, sprich nahrhafter geworden. Man könnte auch sagen, die Hündin gibt nun Hochleistungsnahrung ab. Und dabei verliert sie besonders viel Kalzium. Dieses Defizit muss mit der Nahrung aufgefangen werden. Man gibt also Kalzium mit der Nahrung hinzu. Macht man das nicht, leeren sich zunächst die Kalziumvorräte in den Knochen. Ist auch dieses Depot restlos erschöpft, sinkt die Kalzium-Konzentration im Blut, wodurch die Eklampsie hervorgerufen wird.

Geben Sie das Calcium so lange, bis die Welpen gar nicht mehr gesäugt werden und dann ruhig noch 3-5 Tage länger.

ZUFÜTTERUNG

Höchste Zeit wird es jedenfalls, wenn die Hündin beginnt, die Welpen wegzubeißen. Die Zufütterung ist bei uns Züchtern ein großes Thema. Letztendlich kann man keine allgemeingültige Formel abgeben. Ob und wann man zufüttert, ist abhängig von der Hündin, der Wurfgröße und der Situation. Manch ein Züchter geht auf Nummer sicher und fängt bereits mit der Tellerfütterung von 14-tägigen Saugwelpen an. Natürlich ist es praktisch, wenn die Hündin plötzlich ausfällt, dass die Welpen dann schon selbständig Nahrung zu sich nehmen können. Fakt ist aber auch, dass es ein Eingriff in eine Lernspirale der Welpen ist, der wichtige Darmfloraaufbau behindert wird und das Ganze auch mal da landen kann, wo es nicht landen soll: in der Lunge. Für mich macht diese frühe Zufütterung nur dann Sinn, wenn absehbar ist, dass die Mutterhündin ausfällt, sprich eine Gefährdung z.B. einer Eklampsie oder Mastitis vorliegt, oder aber die Hündin bereits eine dieser Gefährdungen in einem früheren Wurf hatte. Beim Letzteren sollte man sich schon vorher gut überlegen, ob man die Hündin erneut zur Zucht einsetzt.

Einige fangen prinzipiell an, ab Ende der 3. Woche zuzufüttern, um die Hündin zu entlasten. Das ist sinnvoll, wenn die Hündin auch hier ein Problem ausbrütet, ansonsten verhindere ich aber, dass die Hündin die nahrhafte letzte „Fett-Milch" ausbildet, die sehr wichtig für den Darmaufbau ist. Ich handhabe es in der Regel so: Solange die Hündin gut frisst, mit dem Wurf zurechtkommt, genügend Milchleistung hat, und alle Welpen gut zunehmen, sollte man versuchen, der Natur ein bisschen freien Lauf zu lassen.

AdobeStock: sweetlaniko, New Africa

DIE NATÜRLICHE ZUFÜTTERUNG

Die natürlichste Methode wäre das eigene Interesse an Nahrung der Welpen. Meistens geschieht dies ab der Mitte der vierten Woche. Die Welpen interessieren sich für die Nahrung und den Wassernapf der Mutter. Das setzt natürlich voraus, dass das Fressen der Mutterhündin im Gehege steht. Da die Hündin während der Aufzucht normalerweise sowieso Welpenfutter zu fressen bekommen sollte (hoher Kalzium und Energiegehalt, optimale Versorgung der Hündin), wäre dies die natürlichste Methode, die Welpen an das Fressen zu gewöhnen. Ihre Neugier treibt sie zum Fressen an, und allmählich steigen sie auf feste Nahrung um. Dadurch lässt die Milchproduktion stetig nach. Sollten Sie eine Hündin haben, die entweder lieber vorwürgt, um ihre Welpen zu füttern oder aber so futterneidisch ist, dass sie den Welpen kein Futter gönnt, sollten Sie mit dem Zufüttern spätestens beim ersten Wegbeißen der Hündin anfangen und Ihre Hündin dann separieren. Sollte das Fressen deshalb nicht dauerhaft im Gehege stehen bleiben können, führen Sie feste Fütterungszeiten ein.

Steigern Sie am Anfang die Fütterung lang-

sam Tag für Tag, sodass Sie in der 5. Woche auf ca. 5 Fütterungen kommen. Ab der 7. Woche gehen Sie sukzessive auf 3-4 Fütterungen und am Ende der 8. Woche auf 3 Fütterungen.

Das entfällt natürlich, wenn Sie das Fressen bei den Welpen stehen lassen können. Allerdings sollten Sie auch hier anfangen, ab Ende der 7. Woche auf 3 Fütterungszeiten zu gehen.

Sollten Sie das Fressen nicht stehen lassen können, nutzen Sie von Anfang an gleich die Gunst der Stunde und fangen an, die Welpen auf das Kommando „Hier" zu konditionieren. Stellen Sie das Futter hin. Machen Sie auf sich aufmerksam. Fangen die ersten Welpen an, auf das Futter zuzulaufen, rufen Sie laut und deutlich: HIER, gern

zwei- bis dreimal, später ab der 5. Woche dann nur einmal. Können Sie das Fressen prinzipiell stehen lassen, veranstalten Sie das gleiche Spektakel bei der Futterauffüllung und spätestens bei getrennter Fütterung vom Muttertier bei jeder Mahlzeit.

WAS SOLLTE MAN ZUFÜTTERN?

Auch hier scheiden sich die Geister, viele fangen an, erst zu barfen. Ich mache das grundsätzlich nicht, da mir das Thema Clostridienbelastung im rohen Fleisch einfach zu heikel ist.

Ich versuche immer, den natürlichsten Weg zu gehen, sodass die Welpen Interesse am Futter der Mutterhündin finden. Meine Hündinnen bekommen während der Aufzucht ein gutes kaltgepresstes Bio-Trockenfutter, was ich manchmal mit Rinderbrühe aufpeppe.

Ist die Krokette angemessen für die Welpen, werden sie irgendwann Interesse entwickeln, spätestens aber dann, wenn ich das Trockenfutter mit Wasser püriere. Die Welpen haben durch die

Muttermilch die ganze Zeit von diesem Futter profitiert und es indirekt verstoffwechselt, sie werden es auf jeden Fall gut vertragen. Vorsorglich mische ich in diese Mischung Sab simplex Tropfen für Babys, damit die Welpen keine Schmerzen durch Blähungen bekommen.

Kann das Futter nicht stehen bleiben, habe ich oft beobachtet, dass manche Welpen dann so gierig schlingen, dass sie irgendwann zitternd und überfressen in einer Ecke sitzen.

Ich mache dann feuchtwarme Umschläge, massiere den Bauch, gebe 0,2 ml Sab Simplex für Babys und Nux Vomica C 30. Achten Sie darauf, dass alles in flachen Schalen ist, damit die Welpen weder im Fressnapf ersticken, noch im Wassernapf ertrinken können.

DIE HÜNDIN HÖRT AUF ZU LAKTIEREN

Die Hündin bekommt nach und nach weniger Fressen und spätestens ab Woche 5 keine Welpennahrung mehr. Wer das plant, kann diesen Zeitpunkt nutzen, um Mutterhündin und Welpen auf Nassfutter umzustellen. Auf jeden Fall aber, um getrennt voneinander zu füttern.

Manche Hündinnen stellen das Laktieren so plötzlich ein, dass den Welpen nichts anderes übrigbleibt, als das Fressen schnell zu lernen. Hören Sie auf, Laktovetsan zu verabreichen und geben Sie der Hündin Urtica Urens D6 3 Mal am Tag, das wird die Milch schnell zum Versiegen bringen. Behalten Sie trotzdem das Gesäuge im Blick. Manchmal ist es ganz prall und die Hündin möchte wegen der spitzen Zähne trotzdem nicht zu den Welpen herein. Ich gucke mir dann die Welpen mit den wenigsten spitzen Zähnchen aus und lasse sie kurz an das Gesäuge. Lässt die Hündin das gar nicht zu, melken Sie das Gesäuge etwas ab. Manchmal hilft eine warme Dusche und die überschüssige Milch fließt von selbst.

DER SCHLUCKTEST

Bevor ich mit der Zufütterung anfange, mache ich bei allen Welpen den Schlucktest.

AdobeStock: Sebastian Duda, MartaKlos

Es gibt einige Rassen, die dafür bekannt sind, dass die Speiseröhre leider manchmal nicht ganz offen ist. Oder aber dass sie direkt an der Halsschlagader vorbei läuft und die Welpen bei Aufnahme von fester Nahrung ersticken. Diesen Speiseröhrendefekt bezeichnet man auch als Megaösophagus. Ein Megaösophagus ist eine erblich bedingte oder aufgrund vorausgegangener Erkrankungen abnorm erweiterte Speiseröhre (Ösophagus) beim Hund. Beim Welpen handelt es sich vorwiegend um einen vererbten Megaösophagus. Infolge einer Schwächung (oder gar eines totalen Ausfalls) der Peristaltik der Speiseröhre entsteht eine Ausdehnung, sodass der betroffene Welpe in der Regel weder Flüssigkeit noch feste Nahrung in den Magen transportieren kann. Ich prüfe daher immer am Ende der dritten Woche, ob dies der Fall ist. Unabhängig davon, ob die Hündin voll weiter laktiert oder nicht, gebe ich allen Welpen ein kleines frisches Tatarbällchen, was gerade in den Fang passt. Ich nehme für diesen Test kein Stück Fleisch, da der Welpe im Falle von Komplikationen an diesem Stück gleich ersticken könnte.

Sollte der Welpe Probleme bekommen, spüle ich mittels einer Spritze Wasser nach.

Ist klar, dass der Welpe keine feste Speise vertragen kann und dies eventuell niemals möglich sein wird, weiß ich, dass jetzt einige schwere Überlegungen anstehen. Man kann versuchen, den Welpen dennoch aufzuziehen, es soll demnächst Behandlungsmöglichkeiten geben. Liegt ein angeborener Megaösophagus vor, beträgt die Heilungs- oder Besserungsrate ca. 40 bis 50 %. Bei nicht vererbtem, sondern unklarem Megaösophagus ist die Prognose meist schlecht - die mittlere Überlebenszeit beträgt hier im Schnitt nur 6 Monate.

Bis man eine differenzierte Diagnostik stellen kann, muss man den Welpen also versuchen durchzubringen. Meine eigenen Erfahrungen sind jedoch bisher eher schlecht. Deshalb kann es zu seinem Wohl ratsam sein, diesen Welpen gehen zu lassen. Einen Welpen in der dritten Woche gehen zu lassen ist schwer, es später zu tun, macht es nicht leichter.

ERWEITERUNG DES AUSLAUFS UND ERSTE PIPPI-PARTYS

Ende der dritten Woche wird es eng in der Kiste. Die Welpen werden zunehmend versuchen, sich zu versäubern. Unterstützen Sie diesen natürlichen Prozess, dass die Welpen ihr Nest nicht beschmutzen. Legen Sie rechts oder links vom Ausgang der Wurfkiste ein „Pille-Pad" aus, auf dem die Welpen sich lösen können. Am leichtesten machen Sie es sich, wenn Sie um die Wurfkiste nun einen kleinen Kennel installieren. So haben die Welpen mehr Raum für ihre aktiven Phasen und einen Rückzugsort zum Schlafen. Das Fressen sollte nicht direkt neben dem Versäuberungsplatz stehen.

Die meisten Welpen nehmen die Möglichkeit der Versäuberung an. Es braucht manchmal einige Tage, bis sie differenzieren, aber dieses System ist eigentlich ganz gut. Unterstützen Sie die Welpen, indem Sie sie nach dem Schlafen oder Fressen direkt auf den Versäuberungsplatz setzen und sie gegebenenfalls zum Pipimachen stimulieren. Fangen Sie an, die „Pipi-Party" zu feiern und die Welpen zu loben. Das wird den Welpen und den späteren Besitzern sehr zugutekommen.

SPIELZEUG: JA ODER NEIN?

Die Welpen lernen in diesen beiden Wochen viel. Sie sehen, laufen, spielen, fangen an zu fressen, lernen Beißhemmung und erste Regeln der Menschen kennen. Ihr Aktionsraum wird vergrößert und sie müssen lernen, ohne die Mutterhündin Zeit zu verbringen. Bestenfalls lernen sie, sich auf einer Stelle zu versäubern und werden sowohl mit dem Ruf „Hier" als auch mit ihrem Namen vertraut gemacht. Das ist eine Menge, und um das alles zu verarbeiten, braucht der Welpe 20-22 Stunden Schlaf. Die Wachphasen werden länger, sollten aber nicht durch Überreizung gestreckt werden. Ich persönlich packe jetzt langsam am Ende der vierten Woche Elemente mit natürlichem Ursprung in den Auslauf. Ein kleiner Baumstumpf als Erhöhung. Ein Hirschgeweih, um darauf rumzukauen etc., auch kuschelige Ecken und Höhlen, wo die Welpen sich einkuscheln können, versuche ich zu integrieren. Bewusst verzichte ich persönlich auf weitere Spielsachen. Die Zeit nach hinten ist noch lang und die Welpen sollen lernen, miteinander auszukommen. Jeder soll seinen Platz im Rudel haben und akzeptieren lernen.

BEISSHEMMUNG: ERSTE SCHRITTE

Auch die Beißhemmung wird bereits in diesen jungen Wochen entwickelt. Die durchbrechenden Zähne tun den Geschwistern ganz schön weh, was man oft an ihrem jämmerlichen Geschrei erkennen kann. Diese Entwicklungsphase ist wichtig, denn nur so kann ein Hund seine Beißhemmung entwickeln. Die meisten Welpen lernen dies erst in ihren Familien, was vor allem für Kinder sehr schwer zu ertragen ist. Geben Sie Ihren Welpen die Möglichkeit, dies früh zu lernen, das ist die beste Frühförderung. Je mehr sich die Welpen miteinander beschäftigen, desto schneller lernen sie es. Wie gesagt, ständig auf quietschenden Gummienten rumbeißen zu können, ist kontraproduktiv.

Sicherlich braucht der Welpe etwas zu beißen, wenn die Zähne durchbrechen, dazu dient das bereits erwähnte Hirschgeweih. Manche Welpenkinder haben wie Säuglinge Schmerzen und Fieber beim Zahnen. Geben Sie dem Welpen 3-4 x je 5 Globuli Belladonna D6 und schmieren Sie ihm ein wenig Zahnungsgel ins Maul. Das schafft Abhilfe. Die Prägephase nimmt ihren Lauf und ist ca. mit Ende der 7. Woche abgeschlossen. Der Welpe nimmt die Umwelt wahr und lernt seine Sozialpartner kennen. Im Spiel mit seinen Geschwistern lernt er, seinen sozialen Rang zu finden. In dieser Zeit werden seine Persönlichkeit und sein Temperament geprägt.

Entzieht man dem Welpen in dieser Phase alle diese Eindrücke, wird er später Sozialisierungsprobleme haben. Deshalb möchte ich noch einmal betonen, dass Ihnen als Züchter klar sein sollte, dass der Welpe natürlich eine Anfangsprägung auf Sie hat, aber die ersten wichtigen Schritte in dieser Phase muss er durch die Mutterhündin und seine Geschwister erfahren. Verschießen Sie daher nicht Ihr ganzes Pulver. Ihre Zeit als Züchter kommt und es wird noch anstrengend genug. Ich erlebe es immer wieder, dass Hündinnen in der weiteren Prägephase gezwungen werden, bei ihrem Wurf zu sein. Aber das ist nicht ihre Aufgabe, wenn sie das nicht möchte. In der Natur gibt es meist andere Rudelmitglieder, die jetzt mit in die Erziehung gehen. Und genau da fängt jetzt Ihre Arbeit an: Welpenbesuche, Welpen im Haushalt, Separierung der Welpen und Konditionierung sind nur eine von weiteren Themen der Prägephase.

AdobeStock: Dogs

CHECKLISTE 3. UND 4. WOCHE

HÜNDIN:

Tägliche Kontrolle:

- Mehrmals das Gesäuge überprüfen, und
- 2 x Fiebermessen

Medizinische Versorgung mit:

- Himbeerblättern 1 Messerspitze ins Fressen
- Metrovetsan 2x tgl. 8 Tropfen
- Frubiase Calcium Ampulle ½ pro morgens und abends
- Laktovetsan 2x tgl. 8 Tropfen, solange die Hündin säugt.
- Hündin nach draußen führen.

- Danach Gesäuge, Pfoten, After reinigen.
- Ausfluss sollte jetzt fast nicht mehr zu sehen sein.
- Futter der Hündin im Blick behalten. Entwurmen
- 2. Entwurmung zusammen mit den Welpen am Ende der 4. Woche.
- Wurmkur ausleiten nach 6 Stunden mit Flor de Piedra D3 1x 5 Globuli

Hündinnen, die nicht mehr laktieren wollen/können, gibt man

- einmal Urtica Urens D6 alle 6 Stunden oder 3-4 x am Tag x 5 Globuli, bis die Milch nicht mehr fließt,
- trotzdem noch Frubiase Calcium mindestens 2 Wochen lang.

8.3 WOCHE 5 DER AUFZUCHT

Die Welpen sind nun unternehmungslustige kleine Raufbolde. Ihre Augenfarbe ist zumeist noch blau. In der Regel bleiben die Augen des Welpen in den ersten fünf bis sechs Lebenswochen blau und beginnen dann langsam dunkler zu werden. Dieser Prozess dauert einige Zeit. Die endgültige Augenfarbe des Welpen ist erst in einem Alter von etwa sechs Monaten erkennbar.

Die Augenfarbe entsteht durch Pigmentzellen in der Iris. Je mehr Pigmente vorhanden sind, desto dunkler sind die Augen des Hundes. Da die Augen eines Welpen bei der Geburt pigmentlos sind, hat ein neugeborener Hund am Anfang fast immer blaue Augen. Mit der Zeit bilden sich dann Pigmente und damit auch die spätere Augenfarbe des Vierbeiners.

Wachsen die Welpen in der Natur auf, ist der Zeitpunkt gekommen, wo die Mutterhündin wieder ausgiebiger ihren eigenen Beschäftigungen nachgeht.

ANGSTAUFBAU

Am Ende der 5. Woche baut sich langsam das Angstpotential der Welpen auf. Das ist gut so, denn in der Natur hält sie eben diese Angst am Bau. Alles, was der Welpe zwischen der 3. und 5. Woche fast angstfrei erlebte, wird jetzt zunehmend erst einmal kritisch beäugt.

Achten Sie auf die beginnende Ängstlichkeit und zwingen Sie Ihre Welpen nicht,

wenn sie Angst haben. Lassen Sie ihnen Zeit, alles Neue langsam kennenzulernen. Und denken Sie daran, dass im Verbund alles leichter fällt.

Vergessen Sie nicht, die neuen Welpenkäufer durch Fotos oder Filme über ihr neues Familienmitglied zu informieren.

DIE TÄGLICHE ROUTINE

Die ersten Autofahrten mache ich immer, wie bereits erwähnt, in der 4. Woche. In der 5. Woche geht das Training 2x die Woche weiter. Viele Züchter fangen erst in der Angstphase mit dem Autofahren an, was kontraproduktiv ist. Richtig schlimm wird es allerdings für die Welpen, wenn die erste Autofahrt die Fahrt zum Tierarzt ist und diese dann noch mit dem negativen Erlebnis verbunden wird. Der häufigste Grund für Hunde, die unter großer Angst Auto fahren, ist der, dass sie als Welpen schlicht weg gar nicht Auto gefahren sind und die erste Autofahrt sie weg von ihrer Ursprungsfamilie fuhr. Kein guter Start.

> Ich bin auch mit zu vielem Spielzeug in dieser Zeit noch sehr zurückhaltend. Ich stelle gern alte Baumstämme auf. Alltagsgegenstände wie eine Gartenliege dienen hervorragend als Versteck und Turnübungsplatz.

In der 5. Woche wird das Territorium für die Welpen immer weiter vergrößert. Sie lernen, wo und wie Menschen leben und werden mit Haushaltsgeräuschen immer vertrauter.

AdobeStock: Vladimira

Auch vermehrte Außengeräusche kommen durch geöffnete Fenster oder den Außenauslauf dazu. Die Welpen nehmen ihren Platz im Rudel durch Rangordnungsspiele mit ihren Geschwistern ein. Wenn es nun noch 2x im Auto um den Block geht, Sie anfangen, die Welpen bei ihren Namen zu rufen, Sie langsam auf das Kommando „Hier" konditionieren und Sie weiter die Pipi-Party feiern, dann sind nicht nur Ihre Welpen bestens versorgt und beschäftigt, sondern auch Sie.

AUSSENGEHEGE ERWEITERN

Den Welpengartenauslauf nutze ich jetzt immer häufiger. Meine Winterwürfe haben einen abgesicherten Zugang zu zwei großen überdachten Balkonen. Wichtig ist, dass die Welpen verschiedene Bodenbeschaffenheiten kennenlernen. Gras, Stein, Platten, Kies, Erde, Sand, alles wichtige Beschaffenheiten, die der Welpe auch später draußen vorfinden wird.

Ich finde eine Aufzucht ohne Außenzwinger oder Gartenzugang immer sehr kritisch zu betrachten.

Als regulärer Züchter sollte Ihnen klar sein, dass es für die Welpen wichtig ist, mit all diesen Außenreizen konfrontiert zu werden. Für sehr kleine Rassen wäre dies auf einem Balkon ja noch darstellbar und nachzuempfinden, nichtsdestotrotz sollten Sie sich einen Ort suchen, wo Sie ggf. mit den Welpen jeden Tag gesichert in der Natur verbringen können. Bedenken Sie allerdings, dass die Welpen noch keine allzu hohe Immunisierung haben, es also keine Plätze sein sollten, an denen auch andere Hunde oder eventuell sogar Wildtiere ihre Hinterlassenschaften lassen können.

Vielleicht haben Freunde einen Garten, den Sie gesichert für diesen Zweck nutzen können.

Die Einzäunung Ihres Außengeheges sollte stabil und aus- und einbruchssicher sein, sowie Schutz gegen Eindringlinge bieten. Ich überdache einen Teil, damit alle Hunde schnell Schutz bei Regen finden. Es gibt also einen vor Wind und Regen geschützten Teil, in dem sich die Welpen und Hunde zurückziehen können.

VERSÄUBERUNGSHILFEN

Sehr schnell übrigens oder aber durch unterstützende Hilfe finden die Welpen den

eigens von mir auserwählten Pipiplatz. Es hilft, wenn Sie zuvor die Hündin dorthin urinieren lassen. Sollte diese nicht auf Kommando Pipi machen, nehmen Sie etwas von dem Bereich, auf dem Ihre Hündin draußen uriniert hat und verteilen ihn auf diese Stelle. Einige Würfe verstehen schnell, wo sie ihre Pipi-Party feiern sollen, bei anderen muss man dran bleiben. Am schnellsten lernen sie das Kommando, wenn man nach dem Fressen alle schnell nach draußen dirigiert und die Dinge beim Namen nennt. Natürlich wird der Welpe, der Pipi macht, überschwänglich gelobt. Der Aufwand lohnt sich auch für Sie, alles ist sehr viel einfacher sauber zu halten.

HÜNDIN:

- Täglich Kontrolle: mehrmals das Gesäuge überprüfen und
- ggf. noch Fieber messen

- medizinische Versorgung mit: Himbeerblättern 1 Messerspitze ins Fressen.
- Frubiase Calcium Ampulle 1/2 solange die Hündin säugt.
- Hündin länger Gassi führen
- Gesäuge, Pfoten, After danach reinigen
- Futter der Hündin im Blick behalten
- Welpenfütterung einstellen

Welpen Check:

- Welpenprotokoll fortführen: alle 2 Tage wiegen
- Namenskonditionierung
- kleine spitze Krallen schneiden
- Körperpflege Augen auswischen, Kämmen, trimmen, schneiden
- Welpenauslauf vergrößern
- Versäuberungsplatz einrichten
- Pippi-Party feiern
- Natürliche Zufütterung
- bei Fütterung auf das Kommando „Hier“ konditionieren
- Autofahren

8.4 WOCHE 6 DER AUFZUCHT

ALLTAGSROUTINE

Die Welpen werden jetzt in regelmäßigen Abständen intensiv zugefüttert, sodass die Milchleistung der Hündin von selbst abnehmen kann, sofern das nicht schon geschehen ist.

Manchmal lässt die Hündin das Säugen noch zu, beißt aber geplagt durch die spitzen Zähne die Welpen sehr schnell weg. Achten Sie noch einmal darauf, ob die Hündin Ihr Fressen für die Welpen hervorwürgt. Füttern Sie der Hündin dementsprechend zu. Manche Hündinnen machen dies heimlich, was der Grund für eine extreme Gewichtsabnahme sein kann. Die Hündin sollte dann getrennt von den Welpen gefüttert werden und kein Welpenfutter mehr bekommen. Füttern Sie die Hündin auch dann getrennt von den Welpen, wenn diese versucht, ihren Welpen alles wegzufressen.

Einige Welpen tun sich schwer und leiden unter der Entwöhnung. Aber es nützt nichts. Füttern Sie die Welpen daher alle 2 Stunden und Sie werden sehen, der Hunger lehrt sie, zu fressen.

Das Welpengehege wird weiter vergrößert und nützliche Spielsachen finden, immer in täglicher Abwechslung, ihren Einzug. Dabei sind Ihrer Kreativität keine Grenzen gesetzt. Versuchen Sie, auf natürliche Materialien zu setzen. Spannen Sie Wäscheleinen mit

AdobeStock: Patrick Altrogge

alten Lappen oder Plastikstreifen, die ruhig ordentlich im Wind hin und her wehen. Auch Dosen, die klappern und all das, was später Angst machen könnte, ist sehr sinnvoll.

Alles andere läuft natürlich ebenfalls weiter: Fellpflege, Konditionierung, Integration in die tägliche Haushaltsroutine, usw.

WELPENBESUCHER

Wenn vertraglich alle Dinge geregelt sind, steht einem 1. Besuch der Welpen nichts im Weg.

Ich persönlich fange zwischen der 5. und 6.

Woche an, diese Besuche so zu planen, dass sie dem Ruhebedürfnis der Welpen entsprechen. Durch den Besuch lernen die Welpenkinder, dass andere Menschen ihnen wohlgesonnen sind und dass Fremdkontakt etwas Positives ist. Das macht ihnen dann später den Umzug leichter.

Führen Sie Ihre Welpenbesitzer behutsam in das Welpengehege und lassen Sie diese ein Teil von dem Ganzen werden.

Dass die Welpen dabei nicht hochgenommen werden, versteht sich von selbst. Lassen Sie Ihre Welpen gute Erfahrungen machen. Bitten Sie Ihre Welpenkäufer, mit frisch gewaschenen Sachen zu Ihnen zu kommen und bei einer Erkältung einen Mundschutz zu tragen, dann sind Sie und vor allem Ihre Welpen auf der sicheren Seite.

Überfordern Sie Ihre Welpen nicht mit den Besuchen, dosieren Sie diese Besuche bis zur Abgabe so, dass alle damit zurechtkommen. Nutzen Sie die Zeit im Gehege, um den Besitzern zu zeigen, wie man einen Welpen pflegt, wie man ihn hochhebt und machen Sie ihn mit den kleinen spitzen Welpenzähnen vertraut.

Zeigen Sie, wie Sie die Pipi-Party feiern und wie Sie beim Füttern das Kommando „Hier" einsetzen. Wenn die Familie zu groß ist, teilen Sie sie auf. Wenn Sie feststellen, dass die Kinder Angst vor den Welpen haben, sollten die Kinder mit einem Elternteil das Gehege verlassen, sodass es für beide Seiten nicht zum Negativerlebnis werden kann. Klären Sie diese Angst im Anschluss und prüfen Sie, ob die Kinder so weit sind, dass ein Welpe zu Hause einziehen kann.

Wird es zu unruhig, brechen Sie den Besuch ab. Auch das ist ein Lerneffekt für die neuen Besitzer. Natürlich darf auch ordentlich gestaunt und gestreichelt werden. Es ist für alle eine Freude, von so vielen kleinen Fellnasen umgeben zu sein.

Wenn es optimal läuft, kommen die Welpen trotz Besuch zur Ruhe. Das ist das Zeichen für den Abbruch des Besuchs, wobei ich spätestens nach einer halben Stunde die Besucherschar an den Kaffeetisch locke, um letzte Fragen zu besprechen. Kleinere Kinder lasse ich derweil malen oder einen kindergerechten Infofilm über Welpen gucken.

Ich bitte die Welpenbesitzer, Spielzeug oder aber auch schon das spätere Kuschelkörbchen mitzubringen. Diese Sachen sollten bitte neu und welpengerecht sein. Natürlich werden diese Dinge nicht mehr neu aussehen, wenn der Besitzer seinen Welpen abholt, aber sie waren ein Teil des Rudels und der Welpe nimmt dann Vertrautes mit, was ihn einfach glücklich und ruhig macht. Die erste Nacht ist dann halb so schlimm. Auf jeden Fall sollten Sie als Züchter den Welpen sowohl Spielsachen aus dem Gehege als auch benutzte Kuscheltücher mit in sein neues Zuhause geben.

Manche Welpenkäufer möchten ihren Welpen gern mehrere Male besuchen. Finden Sie hier einen Weg, der für Sie, Ihre Hunde und Ihre Familie akzeptabel ist. Der Welpe hat keinen Nachteil, wenn es den neuen Besitzern nicht möglich ist, ihr Welpenkind vorab schon zu besuchen.

Die Behauptung, die Welpen würden sich bei 3 Besuchen die Menschen merken und schon kennen, ist schlichtweg falsch. Die neuen Besitzer müssten schon mehr als ein paar Tage am Stück in den festen Tagesablauf integriert werden, damit sie ein Teil des Rudels werden würden.

RUDELKONTAKT

In dieser Zeit sind die Welpen durch den Angstaufbau auch bereit, intensiveren Kontakt zu anderen Rudelmitgliedern zu haben. Sie sind nicht so draufgängerisch und ihre Angst zwingt sie, sich zu benehmen. Die Erfahrungen, die sie dadurch machen, werden also in der Regel positiv sein. Wenn Sie keine eigenen weiteren erwachsenen Hunde haben, wäre es an der Zeit, gesunde, gut sozialisierte und gutmütige erwachsene Hunde zu sich einzuladen.

Die Welpen lernen nun auch die Körpersprache von anderen Hunden verstehen und zeigen selbst vermehrte Wedler mit der Rute, gesträubtes Nackenfell, angelegte Ohren oder gefletschte Zähne. Sollten Sie eine Hündin haben, die diese positiven Interaktionen noch nicht zulässt, führen Sie diese so lange spazieren und probieren Sie es jeden Tag wieder. Es gibt Hündinnen, die das prinzipiell nicht wollen, was sehr selten vorkommt. Spätestens ab dem Zeitpunkt, wo die Hündin gar nicht mehr laktiert, nehme ich sie dann aus dem Gehege, wenn die anderen Rudelmitglieder zu den Welpen hineinkommen.

Auch Sie selbst sind jetzt gefordert, immer größere Teile der Erziehung zu übernehmen. So lernen die Welpen, auch uns Menschen als Angehörige des Rudels zu akzeptieren.

WEITERE WELPENKONTAKTE

Es wichtig, dass die Welpen ab der 6. Woche positive Erfahrungen mit verschiedenen Menschengruppen machen können. Unterschiedliche Nationalitäten, unterschiedliches Alter, Menschen mit einem Handicap, solche Besuche sind für den Welpen in Verbindung mit posi-

tiven also schmerz- und stressfreien Begegnungen, prägend und sehr sinnvoll. Dazu gehören dann ab der 6. Woche auch, wenn es machbar ist, andere Hunde, Katzen, die welpenverträglich sind, etc. Manche Tiere, wie Pferde, können auch schon aus der Ferne betrachtet werden. Achten Sie aber immer noch auf das Schlafbedürfnis Ihrer Welpen und überfordern Sie diese nicht. Es ist eine empfindliche Zeitspanne. Wichtig ist auch, dass Sie daran denken, dass das Immunsystem Ihrer Welpen noch nicht voll entwickelt ist. Die Begegnungen sollten also so ablaufen, dass Ihre Welpen keiner Infektionsgefahr ausgesetzt sind.

CHECKLISTE 6. WOCHE

HÜNDIN:

Täglich Kontrolle:

- das Gesäuge überprüfen
- ggf. Fieber messen

medizinische Versorgung mit:

- Himbeerblättern 1 Messerspitze ins Fressen
- Frubiase Calcium Ampullen langsam reduzieren oder ganz weglassen
- Hündin darf wieder spazieren gehen
- Gesäuge, Pfoten, After danach reinigen
- Futter der Hündin im Blick behalten, zu festen Zeiten ggf. ohne Welpen füttern
- Hündin und alle Hunde im Rudel 3. Entwurmung zusammen mit den Welpen am Ende der 6. Woche
- Wurmkur ausleiten nach 6 Stunden mit Flor de Piedra D3 , 3x 5 Globuli

Welpen Check:

- Welpenprotokoll fortführen: alle 2-3 Tage wiegen
- Namenskonditionierung
- Körperpflege: Augen auswischen, Kämmen, trimmen, schneiden, Krallen schneiden
- Welpenauslauf vergrößern

- Pipi-Party feiern
- Natürliche Zufütterung alle 2 Stunden ggf. ohne die Hündin
- bei Fütterung auf das Kommando „Hier" konditionieren
- Autofahren
- in die tägliche Haushaltsroutine miteinbinden.

Entwurmen

- am Ende der 6. Woche Wurmkur
- alle Wurmkuren 6 Stunden später ausleiten mit Flor de Piedra D3 je 1 x 5 Globuli

AdobeStock: Oleksandr, sweetlaniko

8.5 WOCHE 7 DER AUFZUCHT

TAGESROUTINE

In der 7. Woche werden die Welpen langsam zu groben Raufbolden. Alles, was sie bereits kennengelernt haben, ist nun fester Bestandteil ihres Lebens. Ihre Spiele sind teilweise so wild, dass man Obacht haben muss. Das Welpengehege sollte unbedingt immer weiter ausgebaut werden. Die Zeiten im Außengehege dürfen jetzt den ganzen Tag andauern, vorausgesetzt es gibt einen Schutzraum, in dem die Welpen vor Wind, Sonne und Kälte geschützt sind und keine Tiere von außen eindringen können. Wenn es machbar ist, darf Ihr gesamtes Rudel in diesem Bereich sein. Schaffen Sie den erwachsenen Hunden die Möglichkeit zum Rückzug, damit es nicht zu größeren Auseinandersetzungen kommen kann.

Selbst, wenn die Mutterhündin nur noch wenig Interesse an ihrem Nachwuchs zeigt oder Sie zurechtweist, dies ist ein wichtiger Lernprozess, solange Ihre Hündin sich zurückziehen kann, müssen Sie weder die Welpen, noch die Hündin bemitleiden. Die Milchleistung der Hündin läuft durch die festen Fütterungszeiten der Welpen auf null.

Die Welpen sollten in der 7. Woche mindestens viermal gefüttert werden. Die festen Fütterungszeiten helfen Ihnen als Züchter, auch mit der Versäuberungshilfe der Welpen fortzufahren. Verlangen Sie auf dem Gebiet aber nicht zu viel, den Schließmuskel können die Welpen erst mit 12-16 Wochen richtig kontrollieren. Aber einen guten Anfang können Sie legen. Alles andere läuft natürlich weiter. Nebst Fellpflege und Konditionierung fange ich in der 7. Woche an, mit den Welpen das erste Mal den Tierarzt zu besuchen.

1. TIERARZTBESUCH

Ich wähle mir einen Termin als erster Patient des Tages. Dann ist die Praxis noch nicht durch kranke Tiere belastet und die Welpen können sich sicher bewegen. So können Sie schon einige gute Erfahrungen machen. Wenn sich dies einrichten lässt, ist das für die Welpen eine gute Sache.

WELPENSEPARIERUNG

In diesen Wochen fange ich an, mir einzelne Welpen herauszunehmen und sie mit in meine tägliche Haushaltsroutine einzubinden. Ich setze sie, wenn ihr Angstpotential das zulässt, allein oder sonst zu zweit in einen kleinen Auslauf und lasse sie von dort aus bei meinem Treiben zuschauen. Ich versüße ihnen diese Separierung mit einem leckeren Kauknochen. Das Separieren kommt ihnen dann in ihrer neuen Familie zugute. Es reicht allerdings nicht aus, dies nur einmal zu zelebrieren. Bleiben Sie am Ball und ziehen Sie das bis zur Abgabe mindestens 2-3x mit jedem Welpen die Woche durch.

SCHLAFBEDÜRFNIS

Es ist immer gut, wenn die Welpen und die Hunde für sich einen ruhigen Rückzugsort haben, an dem sie auch zur Ruhe kommen können. Überlegen Sie sich gut, ob das bei Ihnen im Wohnzimmer wirklich der Fall ist oder ob so mancher „Lernschlaf" verhindert wird, weil der Fernseher läuft, oder aber mal wieder jemand kurz vorbeikommt. Kontrollieren Sie sich da noch einmal. Ihre Welpen brauchen mindestens 18 Stunden Schlaf.

HALSBANDGEWÖHNUNG

Als neue Herausforderung kommt jetzt die Halsbandgewöhnung dazu. Jeder Züchter geht da unterschiedlich vor. Ich fange erst jetzt damit an und nehme dazu Trainingshalsbänder. Diese haben den Vorteil, dass sie aufspringen, sollte der Welpe irgendwo hängenbleiben. Manche Welpen versuchen auch, in das Halsband zu beißen und verkeilen sich dann mit dem Maul im Halsband. Mit den Übungshalsbändern springen die Verschlüsse dann einfach von allein auf. Lassen Sie Ihre Welpen damit nicht unbeaufsichtigt. So wie die Halsbänder aufspringen, wird der Welpe darauf herum beißen und eventuell Plastikteile verschlucken.

Die meisten Welpen fangen beim Anlegen der Halsbänder an, sich fürchterlich zu kratzen. Bleiben Sie ruhig. Er wird es lernen und es tut nicht weh. Ersparen Sie ihm diese Anfangstortur nicht. Er wird ein Halsband brauchen. Egal, für welche Halsbandvariante Sie sich entscheiden, bleiben Sie beim Tragen der Halsbänder dabei, dann kann nichts passieren. Verbinden Sie diese Aktion anfänglich eventuell mit der Gabe von frischen Knochen, die nicht splittern, Mohrrüben werden auch gern genommen. Alsbald vergessen die Welpen die Halsbänder. Die einen früher, die anderen später.

ENDSPURT

Die letzten Aufzuchtswochen sind angebrochen. Mittlerweile absolvieren Sie ein ganz schönes Programm und Sie merken, viel können Sie den Welpen langsam nicht mehr bieten. Die Welpen sind hungrig nach allem Neuen. Denken Sie noch einmal daran, die Spielsachen öfter auszutauschen. Ein Bällebad ist nicht mehr interessant, wenn es dauerhaft im Gehege steht.

Auch Bewegungsspielzeuge wie Wippe oder Wackelbrett sollten in diesen Wochen zum Einsatz kommen.

KÖRPERHYGIENE

Die Körperhygiene sollte jeden Tag zur festen Routine werden. Ich fange damit bereits in der 2. Woche an und führe die Welpen Tag für Tag an Bürste, Kamm und Schere heran. Ich nutze die Tatsache, dass der Angstaufbau in dieser Zeit noch nicht stattgefunden hat, das macht es mir leichter.

Wichtig dabei ist, dass die Welpen alle Bedürfnisse gestillt haben, d.h. sie sind müde vom Spielen, sie haben gefressen und sie müssen auch keinerlei anderen Geschäften mehr nachgehen.

Die Welpen liegen dabei auf meinem Schoß und ich fange an, ihre Augen vorsichtig mit einem frischen sauberen feuchten Tuch zu säubern. Ich fahre mit meinem kleinen Finger über ihre kleinen Zähne und öffne dazu den Fang ein wenig, mit der anderen Hand kraule ich sie hinter ihren Ohren.

AdobeStock: Roman

Die meisten Welpenbesitzer haben große Probleme, ihren Welpen zu pflegen. Aus Angst, ihnen wehzutun und weil der Welpe es ungern zulässt, geben sie meist sehr schnell auf und sourcen die Fell- und Nagelpflege aus.

Diese Leistungen werden aber zunehmend so teuer, dass die Hunde eben auch entsprechend wenig in dieser Hinsicht betreut werden. Für die spätere Grundhygiene und Gesundheit Ihres Hundes ist das nicht gut. Machen Sie sich deshalb die Mühe, es wird sich für Ihren Welpen auszahlen. Wenn es geht, filmen Sie diese Grundpflege oder aber, wenn es die Situation hergibt, zelebrieren Sie diese beim 1. Besuch der Welpenkäufer.

Mit einer weichen Bürste streiche ich ihn behutsam über ihre Köpfe und nehme dann den Kamm für die kritischen Stellen hinter den Ohren, den Achseln und den Hinterläufen.

Zu guter Letzt schneide ich hier und da eine kleine spitze Kralle ab. Ich ziehe dieses Programm jeden Tag durch und erweitere es durch die Beschneidung des Felles, wenn es sein muss. Auch die Ohrenpflege kommt dann hinzu.

ZAHNPFLEGE

Die Gebisskontrolle ist eine wichtige Sache. Ist der Welpe in dieser für ihn selbstverständlich nicht angenehmen Untersuchung nicht geübt, wird er dies verweigern. Vielleicht auch beim Tierarzt irgendwann sogar schnappen.

Es ist aber wichtig, dem Hund in den Fang greifen zu können oder sein Maul zu öff-

nen. Es macht jede Hals-, Maul- und Rachenuntersuchung leichter und der Welpe könnte einmal etwas im Fang haben, was entfernt werden muss. Fangen Sie mit sanften Übungen an und erweitern Sie diese. Am Anfang den Fang sperrangelweit zu öffnen, macht wenig Sinn. Sie können diese Übung anfangs mit ein wenig Leberwurst versüßen. Er wird bald merken, dass Zahnpflege und in den Fang gucken nicht schlimm sind.

KRALLENPFLEGE

Die Krallenpflege ist immer wieder eine der größten Herausforderungen für Hundebesitzer. Dabei ist es nicht schlimm, die kleinen Spitzen zu kappen. Zu lange Nägel sind aber nicht nur schmerzhaft, sondern können darüber hinaus sogar zu Haltungsschäden führen, da Ihr Hund sein Gewicht zwangsläufig auf die hinteren Pfotenballen verlagern muss, wenn die Nägel vorn zu lang sind. Schlimmstenfalls kann das mit der Zeit sogar zu Lahmheit oder Verletzungen sowie langfristig zu Veränderungen des Gangbildes und Skeletts führen.

OHRENPFLEGE

Die Ohren des Hundes müssen permanent gepflegt werden.

Infektionen, Entzündungen, Parasiten und schlechten Gerüchen können so vorgebeugt werden. Deshalb sollten Sie regelmäßig die Ohrmuschel mit einem feuchten Tuch und den Gehörgang mit einem speziellen Mittel reinigen. Bitte niemals mit einem Wattestäbchen in den Gehörgang gehen, zu groß ist die Gefahr, dass Sie das Trommelfell verletzen. Spezielle Ohrreinigungsmittel werden in das Hundeohr eingeträufelt, vorsichtig von außen einmassiert. Sie lösen nach einer gewissen Einwirkzeit Dreck und Ablagerungen auf. Der Hund wird sich dann einmal ordentlich schütteln und so die losen Partikel selbst loswerden.

AdobeStock: OlgaOvcharenko, Inna, Anna Averianova

CHECKLISTE 7. WOCHE

HÜNDIN:

Tägliche Kontrolle:

- das Gesäuge überprüfen

Medizinische Versorgung mit:

- Himbeerblättern 1 Messerspitze ins Fressen
- Frubiase Calcium Ampullen ggf. absetzen
- Hündin darf länger spazieren gehen
- Hündin immer Zugang zu ihren Welpen verschaffen, Rückzugsmöglichkeit beachten
- Futter der Hündin im Blick behalten, zu festen Zeiten ggf. ohne Welpen füttern

Welpen Check:

- Namenskonditionierung
- Körperpflege Augen auswischen, Kämmen, trimmen, schneiden, Krallen schneiden
- Welpenauslauf vergrößern, anspruchsvolle Spielsachen
- Bewegungsspielzeuge mit einbinden
- Pipi-Party feiern
- Fütterung 4x am Tag ggf. ohne die Hündin
- bei Fütterung auf das Kommando „Hier“ konditionieren
- Autofahren mit evtl. Tierarztbesuch
- in die tägliche Haushaltsroutine mit einbinden dazu Welpen separieren
- Halsbänder anlegen

AdobeStock: Надія Коваль

8.6 WOCHE 8 DER AUFZUCHT

DER COUNTDOWN LÄUFT

Ab jetzt wird es langsam anstrengend. Wir Züchter merken, dass wir den Welpen nicht mehr allzu viel bieten können und auch der erzieherische Aspekt zunehmend an Gewicht gewinnt. Und das ist bei einer Welpenschar keine leichte Aufgabe.

TAGESROUTINE

Ich fange jetzt an, die Welpen weiterhin zu festen Zeiten, aber nur noch 3x am Tag zu füttern. Diese Zeiten sollte der Welpenkäufer die ersten Monate übernehmen. Vor dem Frühstück um 8 Uhr geht es erst einmal auf den Versäuberungsplatz. Danach gibt es für alle drinnen etwas zu fressen und danach geht es gleich wieder nach draußen zum Pipimachen.

FRUSTRATIONSTOLERANZ

Sie selbst werden Ihren Welpenbesitzern erklären, dass es wichtig ist, den Welpen von vornherein zu erziehen und ihm von Anfang an nichts durchgehen zu lassen, was er später auch nicht darf.

Sie machen es Ihrem Welpen leichter, wenn er durch Sie schon akzeptiert hat, dass es Grenzen gibt und er diese einhalten muss. Frustrationstoleranz ist hier das Zauberwort. Ihr Welpe lernt schon seit der 1. Woche, vorausgesetzt, Sie haben die Aufzuchtstipps eingesetzt. Dem Ganzen können Sie in der Sozialisierungsphase einen guten Schliff geben.

IMPFEN

Grundsätzliches zum Thema Impfen

In der 8. Woche wird der Welpe das erste Mal geimpft.

Viele Infektionskrankheiten unserer Heimtiere sind heutzutage durch die Entwicklung wirksamer Impfstoffe und derer konsequenten Anwendung beherrschbar geworden. Dennoch sind Infektionserreger der Staupe, Parvovirose, Leptospirose, Katzenseuche, Katzenschnupfen, Leukose usw. noch nicht getilgt. Eine Impfung ist unerlässlich, um die Tiere vor einer Infektion mit teils tödlichem Ausgang zu schützen. Das alles sind Krankheiten, die der Hund sich schnell zuziehen kann, ein Schluck aus einer Pfütze reicht und ein ungeimpfter Hund hat sich mit Erregern infiziert, die einen qualvollen und tödlichen Verlauf zur Folge haben können.

In den letzten Jahren hat sich ein Trend zur Impfmüdigkeit und zu Impfgegnern entwickelt. Der Grund ist einfach erklärt: Eine hohe Morbidität führt zu einer höheren Impfbereitschaft, was wiederum hohe Durchimpfungsraten zur Folge hat. Folge: Infektionszahlen gehen dank steigender Impfquoten zurück. Niedrige Infektionszahlen bewirken dann allerdings, dass die Impfbereitschaft sinkt und Impfungen werden dann als unwichtig oder sogar gefährlich angesehen. Gute Aufklärung kann helfen, die Impfbereitschaft zu erhöhen und Impfschäden so weit es geht zu vermeiden.

Leiten Sie diese Gedanken auch an Ihre Welpenkäufer weiter und besprechen Sie die Wichtigkeit der Impfungen.

WELPEN IMPFEN JA ODER NEIN?

Welpen zu impfen ist in Deutschland keine Pflicht, wird Hundebesitzern von der Ständigen Impfkommission Veterinärmedizin (StIKo Vet) jedoch dringend empfohlen.

Als Welpen haben Hunde ein noch nicht belastbares Immunsystem, das erst noch gestärkt werden muss. Wenn Welpen auf die Welt kommen, schützt die Muttermilch und die darin enthaltenen Antikörper sie vor schädlichen Mikroorganismen. Dieser Schutz lässt mit der Zeit nach, sodass der Welpe anfällig für Infektionskrankheiten wird. Die richtigen Impfungen im richtigen Alter verhindern, dass der Welpe eine dieser Krankheiten oder Infektionen entwickelt. Um sicherzustellen, dass der Impfschutz nicht unterbrochen wird, muss der Welpe in regelmäßigen Abständen Auffrischungsimpfungen erhalten. Der Abstand ist abhängig von der jeweiligen Impfung, dem Alter des Hundes und dem verwendeten Impfstoff. Züchtet man über einen Verein, ist sowohl die Registrierung durch den Chip als auch die Impfung notwendig, um die Wurfabnahme und dann die Papiere für die Welpen zu bekommen.

AdobeStock: pressmaster, goodluz

WAS HEISSEN EIGENTLICH DIE ABKÜRZUNGEN?

- S: Hundestaupe
- H: Hepatitis
- P: Parvovirose
- P: Zwingerhusten
- T: Tollwut
- L: Leptospirose
- i: Impfung

RICHTIG IMPFEN, WIE?

Die Ständigen Impfkommission Veterinärmedizin (StIKo Vet) sieht eine Impfung des Welpen in der achten Woche gegen folgende Krankheiten vor: Parvovirose, Hepatitis, Staupe und Leptospirose. In der zwölften und 16. Woche werden diese Impfungen noch einmal wiederholt.

Zusätzlich wird empfohlen, die Welpen in der zwölften Woche gegen Tollwut zu impfen. Nach einem Jahr wird alles einmal nachgeimpft. Die meisten Impfungen werden dann erst nach drei Jahren wiederholt.

WANN NICHT IMPFEN?

Die Welpen sollten keinen Schnupfen oder Durchfall haben. Auch Augen- oder Ohrenentzündungen sowie Wurmbefall sind Ausschlusskriterien, die Welpen impfen zu lassen. Sollten die Welpen krank sein, impfen Sie diese auf keinen Fall. Die Impfung muss verschoben werden, auch wenn das bedeutet, dass sich die Abholtage nach hinten verschieben müssen.

LASSEN SICH IMPFFOLGEN UND SCHÄDEN VERHINDERN?

In der Regel sehr gut.

Nach der Impfung sollten keine weiteren Aktivitäten oder Belastungen durch Toben erfolgen! Die Einstichstelle kann den Welpen weh tun, dort also nicht unbedingt anfassen. Sie werden ohnehin nach der Impfung ein vermehrtes Schlafbedürfnis an diesem Tag haben.

> Versuchen Sie immer, den ersten Termin am frühen Morgen für die Welpen zu bekommen, dann ist die Keimbelastung beim Tierarzt am geringsten, da noch keine kranken Patienten da waren.

Um Impffolgen zu verhindern, unbedingt 2 – 3 Tage vor den Impfungen die Welpen entwurmen.

Nach der Entwurmung entlaste ich die Welpen wie gewohnt mit Flor de Piedra D3, 1 Tag lang 3 x 5 Globuli. Das hilft der Leber beim Verstoffwechseln der Gifte und entlastet sie. Genau eine Stunde vor der Impfung und direkt nach der Impfung gebe ich je 1 x 5 Globuli Thuja D 30. Thuja: Der Lebensbaum wirkt hauptsächlich auf das zentrale und vegetative Nervensystem, sowie Haut und Schleimhäute. Es kommt zu einer Stimulierung des Immunsystems. Impfschäden und Beschwerden, welche nach einer Impfung auftreten können, können so reduziert oder ganz verhindert werden.

WARUM DIE WELPEN UNBEDINGT VOR DEM IMPFEN ENTWURMEN?

Der Grundmechanismus bei einer Impfung ist, dass der Organismus von Hunden gezielt mit bestimmten Krankheitserregern, z.B. dem Tollwutvirus, in Berührung gebracht wird. Die Erreger sind dabei so abgeschwächt, dass sie keine Krankheit auslösen, vom Immunsystem aber noch als gefährlich erkannt werden. Das Immunsystem kann so ungestört gegen diesen Erreger spezifische Abwehrzellen bilden.
Haben Hunde nun bei einer Impfung Würmer, kann das Immunsystem dies jedoch nicht leisten. Der bestmögliche Erfolg einer Impfung von Hunden wird also durch be-

stehende Wurminfektionen gefährdet. Zusätzlich kann ein Wurmbefall bei einer Impfung für einen toxischen Schock sorgen, da die Würmer sich durch die Ausschüttung von Toxinen gegen die Impfung wehren. Eine Entwurmung vor der Impfung ist also unbedingt Pflicht.

IMPFFOLGEN

Eine Impfreaktion tritt in der Regel innerhalb weniger Stunden nach der Impfung auf und sind in der Regel als Reaktion zu erwarten. Laut Statistik tritt eine Impfreaktion bei ungefähr 38 von 10.000 immunisierter Hunde auf. Die Nebenwirkungen zeigen häufig einen milden Verlauf wie Schlappheit, Appetitlosigkeit oder Fieber und verschwinden im Großteil aller Fälle ohne Behandlung.

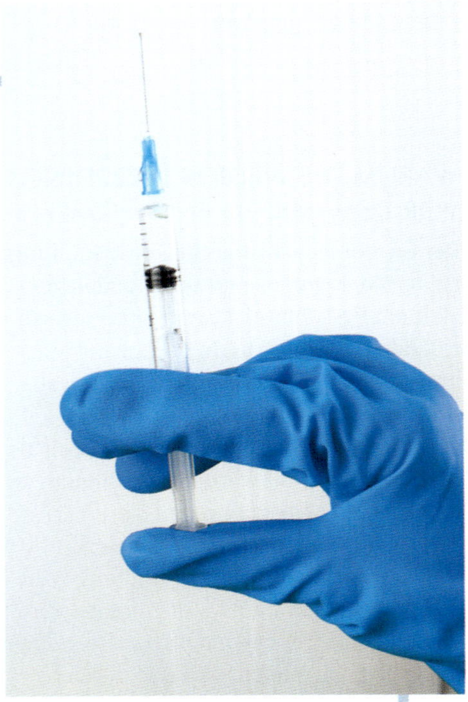

Seltener zu finden sind Symptome wie Juckreiz, Erbrechen und Durchfall, Schwellungen, Entzündungen und Schmerzen an der Impfstelle. Auch diese Symptome sind im Rahmen normal und verschwinden meist ohne Behandlung in den ersten 3 Tagen. In sehr seltenen Fällen und besonders dann, wenn man die Regel vor der Impfung nicht beachtet, kann es zu einem anaphylaktischen Schock kommen, der mitunter zum Tod des Welpen führen kann. Meistens kann dies durch eine Infusion verhindert werden.

Es gibt Welpen, die einfach kränkeln nach der Impfung, besonders die Einstichstelle schmerzt sie sehr. Ein Tropfen Novalgin ins Mäulchen und 0,2 ml Rescue Tropfen dämmen die Schmerzen gut ein und so finden die Welpen in der Nacht Ruhe.

Zum Tierarzt fahre ich ohne die Mutterhündin. Es wäre für sie zu stressig, wenn die Welpen vor Schmerz schreien. Das macht sie nervös und letztendlich auch die Welpen.

ABLAUF AM IMPFTAG

Jeder Welpe bekommt einen Chip und eine Impfung. Nicht alle Welpen reagieren gleich auf die Impfung, aber es gibt wirklich Schreihälse. Tun Sie dem Welpen bitte den Gefallen und fangen Sie nicht an, ihn zu bemitleiden. Sie verstärken seinen Schmerz durch diese für ihn positive Verstärkung. Lassen Sie die Welpen nach der

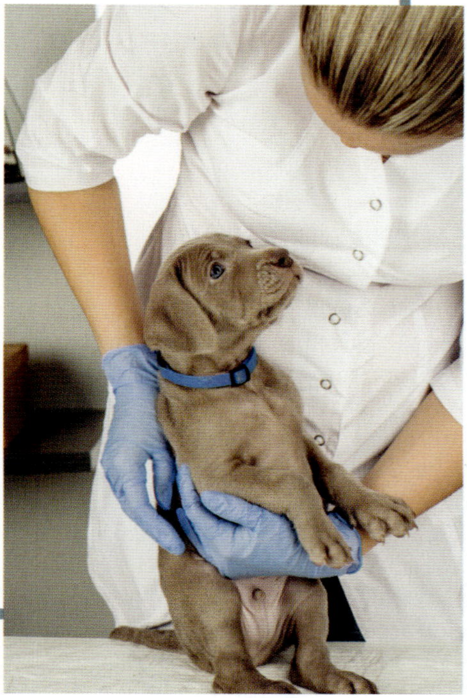

AdobeStock: kaninstudio, rodimovpavel

Impfung, wenn es die Umgebung zulässt, auf den Boden. Sie müssen sich meistens kurz abreagieren. Denken Sie an das homöopathische Mittel Thuja C 30 eine Stunde vor und direkt nach der Impfung. Alle meine Welpen bekommen nach der Impfung leckere fleischige Knochen. Das lässt sie den Schmerz schnell vergessen. Sind alle Welpen fertig, geht es direkt in das Auto und nach Hause. Nehmen Sie sich selbst an diesem Tag nichts weiter vor und kontrollieren Sie regelmäßig, ob bei den Welpen alles im Rahmen ist.

An diesem Tag lasse ich auch die anderen Hunde aus unserem Rudel nicht in das Welpengehege, damit Ruhe herrscht. Am nächsten Tag ist der ganze Spuk dann schon wieder vorbei und Sie können Ihrer gewohnten Routine nachgehen.

CHECKLISTE FÜR DIE 8. WOCHE

HÜNDIN:

Täglich Kontrolle:

- das Gesäuge weiterhin überprüfen
- gewohntes Futter wie vor der Trächtigkeit und Aufzucht medizinische Versorgung mit:
- Himbeerblättern 1 Messerspitze ins Fressen
- Hündin und andere Hunde im Rudel mit den Welpen entwurmen, Ausleitung mit Flor de Piedra 3x5 am Tag
- Hündin immer Zugang zu ihren Welpen verschaffen, Rückzugsmöglichkeit beachten

Welpen Check:

- Namenskonditionierung
- Welpenbesitzer miteinbinden
- 3x feste Fütterungszeiten
- Körperpflege: Augen auswischen, Kämmen, trimmen, schneiden, Krallen schneiden
- Welpenauslauf vergrößern, anspruchsvoll Spielsachen
- Bewegungsspielzeuge miteinbinden, täglich wechseln

- Pipi-Party feiern
- Fütterung 4 x am Tag ggf. ohne die Hündin
- bei Fütterung auf das Kommando „Hier“ konditionieren
- Welpen entwurmen Ausleitung mit Flor de Piedra D3, 3 x 5 Globuli
- Tierarztbesuch mit Impfung, Thuja C 30 eine Stunde vor der Impfung und direkt danach 1 x 5 Globuli
- Autofahren
- in die tägliche Haushaltsroutine miteinbinden, dazu Welpen weiter separieren

AdobeStock: pijav4uk, zinkevych,

8.7 WOCHE 9 DER AUFZUCHT

SAUBERKEITSTRAINING

Nach der Impfung fange ich an, den nächtlichen Schlafraum der Welpen zu verkleinern. Es gibt einen Versäuberungsplatz in Form von sogenannten Pipiunterlagen und Wasser steht ebenfalls in diesem kleinen Gehege. Die Hündin nehme ich nachts wieder an ihren alten gewohnten Schlafplatz. So lernt auch sie, sich von den Welpen zu lösen. Sicherlich würde ein Rudel in Freiheit lebend einen gemeinsamen Schlafplatz wählen, aber die Welpen werden nun einmal gehen und darauf bereite ich auch unser Rudel vor, indem ich uns langsam voneinander abgrenze. Da Hunde keine Nestbeschmutzer sind, werden sie langsam merken, dass die Welpen schon kräftig versuchen, ihre größeren Geschäfte in den Morgenstunden auf dem Versäuberungsplatz zu verrichten. Ich gehe deshalb, sobald die Welpen wach werden, sofort auf unseren Versäuberungsplatz nach draußen. Ich habe immer den gleichen und er ist überdacht, so kann ich auch bei Regen raus. Wenn die Welpen im Außengehege sind, achte ich vermehrt darauf, dass sie sich auf dem Versäuberungsplatz lösen. Natürlich wird jeder, der Pipi gemacht hat, weiterhin überschwänglich gelobt.

AUSSERHAUSBESUCHE

Nach der Impfung tritt langsam der Impfschutz ein. Jetzt mache ich jeden Tag eine kleine Tour, dem Wetter entsprechend. Mal geht es mit allen Welpen zum Flugha-

Viele Züchter machen sich, wenn es geht, die Mühe, nach der 1. Impfung mit der ganzen Welpenschar die neuen Besitzer schon zu Hause zu besuchen. Auch hier wird sich der Welpe nach einem einmaligen Besuch nicht mehr differenziert an den Haushalt erinnern, wohl aber, dass es woanders auch sehr schön ist. Und wenn er Glück hat, riecht er den ehemaligen Besuch noch, wenn er in das neue Heim zieht. Der Welpe lernt diese ersten Außerhausbesuche im Verbund mit seinen Geschwistern kennen und das ist für die Welpen meist ein toller Spaß. Danach brauchen sie viel Schlaf, um Gelerntes zu verarbeiten und Mut für die nächste Herausforderung zu haben.

fen, mal geht es in ein Einkaufszentrum. Ich schütze meine Welpen, indem ich sie in einen großen geschlossenen Fahrradanhänger setze. So schiebe ich die Welpen sicher und geschützt durch die Situation. Ich wähle dazu Zeiten, an denen nicht so viel los ist und taste mich immer vorsichtig an die Situation heran. So geht es auch dann in die Nähe von einem Spielplatz oder Kindergarten. Mit unerschrockenen Welpen fahre ich auch in dem Hänger eine Station mit dem Bus oder der Bahn. Ein Supermarktparkplatz ist auch ein schönes Ausflugsziel. So können sogar alle Welpen im Auto bleiben. Ich mache dann lediglich die Heckklappe auf und lasse alle dem Treiben zuschauen.

Schön sind die Ausflüge in ein fremdes Gebiet. Ich wähle dafür ein Gebiet, was ich sehr gut kenne, wo ich sicher vor anderen Hunden bin und vor allem keine Autos fahren.

Diesen kleinen Ausflug sollten Sie niemals allein machen und nur mit einem Hund zusammen, der auf Sie hört oder aber diesen an der Leine lassen.

Für mich ist das meistens die letzte Aktivität, die ich mit meinen Welpen unternehme. In der Regel gebe ich die Welpen in der 9. Woche ab.

BESONDERE HERAUSFORDERUNGEN WÄHREND DER AUFZUCHT.

INTRO.

Es gibt Herausforderungen in der Aufzucht, die man nicht als Krankheitsbild darstellen kann, wohl aber weniger kompliziert sein können. Eine der besonderen Herausforderungen während einer Aufzucht sind mutterlose Welpen oder Einzelwelpen. Aber auch ein Großwurf stellt eine besondere Herausforderung dar. Auch wenn Sie im Vorfeld alles dafür getan haben, um eben genau diese Probleme zu verhindern, kann es trotzdem zu Ihrem Alltag werden. Wer weiß, was zu tun ist, wird aber auch diese besondere Herausforderung gut meistern können.

AdobeStock: Jaroslav, Kate

9.1 GRUNDSÄTZLICHES

Neben der Herausforderung, die Welpen mit der Hand aufzuziehen, ist es ebenso eine Herausforderung, die Lernspiralen des Welpen in Gang zu bringen. Sie ist für sein späteres Sozialverhalten unumgänglich und sehr wichtig. Jeder, der einen Welpen oder gar einen Wurf mit der Hand aufgezogen hat, weiß, dass kaum noch Zeit für irgendetwas anderes bleibt. Erst einmal geht es um das Überleben der Welpen.

Wohl dem, der den Wurf nicht ganz ohne Muttertier versorgen muss, oder aber andere Hündinnen für die Aufzucht mit einbinden kann. Hündinnen, die zu wenig Milch, oder zu große Würfe haben, wo man nur teilweise durch Zufütterung eingreifen muss, sollten nur in Hinblick der Versäuberung nach Zufütterung überprüft werden und ansonsten die Interaktion der Hündin zu den Welpen nicht weiter gestört werden. Lediglich der Tod des Muttertieres sollte eine Indikation zur mutterlosen Aufzucht darstellen. In allen anderen Situation sollte, schon um Verhaltensänderungen zu vermeiden, lediglich zugefüttert werden. Prinzipiell gilt: Die Mutterhündin muss miteinbezogen werden. In sehr wenigen Ausnahmen müssen die Welpen allerdings vor dem Muttertier geschützt werden. Aggressivität, übertriebene Brutpflege oder Nichtannahme der Welpen führen in einigen Fällen dazu, den Wurf mutterlos oder teilweise mutterlos aufzuziehen. Lässt sich das Verhalten der Hündin nicht korrigieren, sollte diese nicht wieder zur Zucht eingesetzt werden.

9.2 AUFZUCHT MUTTERLOSE WELPEN

Die größte Herausforderung ist die Aufzucht von mutterlosen Welpen. Um Welpen mit der Hand aufzuziehen, ist eine Simulation der natürlichen Gegebenheiten nötig. Wie bereits erwähnt, muss neben der korrekten Fütterung auch eine passende Umgebung und genügend Ruhe gewährleistet sein. Körper- und Fellpflege sowie die Stimulation von Kot- und Harnabsatz müssen vom Menschen übernommen werden. Die Aufrechterhaltung der Umgebungstemperatur ist besonders einzuhalten. Bei der natürlichen Aufzucht dient die Mutter als Wärmequelle.

TAGES- UND NACHTRHYTHMUS

Fehlt sie, muss für ausgleichende Temperaturen gesorgt werden. Ein in einer Ecke liegendes Heizkissen ist die bessere Alternative zur Wärmelampe. Allerdings sollte tagsüber eine kuschelige Wärmequelle als Ersatz für die mütterliche Wärme dienen. Gerne einen tickenden Wecker in dieser Quelle verstecken. So ahmt man den Herzschlag der Mutter nach. Nachts verlässt die Hündin meist nicht ihr Nest, deshalb sollte diese latente Wärmequelle mit Wecker in der Nacht liegen bleiben. Tagsüber kann man diese Quelle ruhig einige Male kurz entfernen. Auch die Hündin würde das Nest verlassen, um sich zu versäubern oder zu fressen. So müssen sich die Welpen zum einen selber wärmen und bekommen einen natürlichen Tag- und Nachtrhythmus (Lernspirale).

Dem Wochenalter der Welpen angepasst und zwingend nach dem eigenen Erhalt der Körpertemperatur, sollte diese Wärmequelle nur noch nachts dauerhaft zur Verfügung stehen und tagsüber immer in kürzeren Abständen länger entfernt werden. Steht keine Alternative an erwachsenen Rudeltieren zur Verfügung, bleibt diese Quelle bis spätestens einschließlich der 7. Woche nachts zur Verfügung und wird dann bis Ende der 8. Woche sukzessive entfernt. Tagsüber sollte diese Quelle nur zur Verfügung stehen, wenn die Welpen den Milchersatz bekommen. Mit der Zufütterung sollte ab Ende der 3. Woche begonnen werden. Durch den künstlichen Milchaustausch erreichen die Welpen den sonst so wichtigen Immunschutz nicht. Sie sind passiv schlechter geschützt. Diese immunologischen Besonderheiten kann man mit der Vergabe eines Darmaufbaumittels für Hunde/Welpen ab der 3. Woche zur Zufütterung und der Vergabe von Echinacea

D 12 sowie Arnica D12 ab Ende der zweiten bis Anfang der 3. Woche alle 2 Tage 1 Globuli unterstützen.

ANTIKÖRPERBILDUNG

Mutterlose Welpen, die mit der Hand aufgezogen werden, brauchen länger, um Antikörper auszubilden. Meistens bekommen sie die für sie so wichtige Kolostralmilch der Mutterhündin nicht. Die wäre aber sehr wichtig, um Antikörper der Mutter aufzunehmen. Wenn es irgend geht, besorgen Sie ein Kolostrum und verabreichen Sie dies am Anfang der Handaufzucht den Welpen. Besitzen die Welpen diese Antikörper nicht, ist die Infektabwehr nicht in Gänze gegeben. Es ist also darauf zu achten, sie mehr als andere Welpen vor Belastungen, die einen Infekt auslösen könnten, zu schützen. Auch die Impfung sollte, wenn es irgend geht, nicht in der 8. Woche erfolgen. Die Wahl des Impftermins hängt generell von der Halbwertszeit und der Ausgangsmenge der maternalen Antikörper ab. Erst dann kann der Welpe die Impfung verkraften.

IMPFEN VON MUTTERLOSEN WELPEN

Viele Züchter vertreten die Auffassung, diese Welpen früher als andere zu impfen, damit diese schnellstmöglich anderen Hundegruppen zugeführt werden können. Ich rate aus oben genanten Gründen davon ab. Was nützt das nötige Know-how des Welpen im Umgang mit ausgewachsen Hunden, wenn sein Körper die Impfung nicht verkraftet? Nichts.

Ich empfehle, die Impfung um eine bis zwei Wochen zu verschieben. Eine Woche vor der Impfung bekommen die Welpen noch einmal die Echinacea und Arnica D 12 Kur bis eine Woche nach Impfung. Eine Stunde vor Impfung und direkt danach, hilft die Vergabe von Thuja D 30 die Impfung besser zu verkraften. Die Entwurmung dieser Welpen vor der Impfung ist wichtig und die Leber sollte bei der Wurmkur als auch beider Impfung mit Flor de Piedra D4 durch eine einmalige Vergabe von 5 Globuli unterstützt werden.

Durch die Impfung haben die Welpen einen besseren Schutz und sollten nun größeren Belastungen ausgesetzt werden. Das ist wichtig, um Antikörper zu bilden. Die Abgabe von mutterlosen Welpen sollte, um bestmögliche defizitäre Bereich aufzufangen, um 2 bis 3 Wochen später erfolgen. Jetzt können alle wichtigen Know-hows des Welpen im Umgang mit anderen Hunden nachgeholt werden. Auch hier braucht es eben einfach mehr Zeit. Wenn Sie können, achten Sie darauf, dass Ihre mutterlosen Welpen ab der 5. Woche öfter einen Platz an der Sonne haben. Ersetzen Sie bei schlechtem Wetter die Sonne durch eine Tageslichtlampe. Im Prinzip können Tageslichtlampen das Sonnenlicht zum Teil ersetzen und so einem Lichtmangel entgegenwirken. Der ist wichtig, um Antikörper zu bilden, aber auch, um den Tages- und Nachtrhythmus der mutterlosen Welpen besser zu unterstützen. Schalten Sie diese öfter am Tag ein.

AdobeStock: Slava Radov, KCULP

Ein Ersatz für die Aufzucht von mutterlosen Welpen wäre ein erwachsener Hund. Nur wenige erwachsene andere Hunde übernehmen die Pflege der Welpen. Es geht vielmehr um hündische Interaktion zwischen erwachsenen Tieren und Welpen. Die erwachsenen Hunde sollten gutmütig sein, damit die Welpen positiv geprägt werden. Wichtig für das Erlernen von hündischen Fähigkeiten ist auf jeden Fall ein erwachsener Hund, keine weitere Welpenspielgruppe.

9.3 DER GROSSWURF

Von einem Großwurf spricht man, wenn mehr als 8 Welpen fallen. Bei mittelgroßen und großen Rassen kommt das recht häufig vor. Im Normalfall hat eine Hündin 10 Zitzen. Wobei nicht in allen Zitzen gleich viel Milch oder überhaupt Milch vorhanden ist. Nicht alle Großwürfe müssen durch Zufütterung unterstützt werden. Besonders die ersten 5 Tage ist darauf zu achten, dass alle Welpen in den Genuss der Kolostralmilch kommen, um Antikörper der Mutter aufzunehmen. Die Welpen werden also täglich abwechslungsweise gefüttert, einmal mit der Flasche, einmal an der Zitze. Behalten Sie durch Kennzeichnung und Wiegen der Welpen den Überblick.

Achten Sie gut auf die Gewichte der Welpen und behalten Sie die Hündin gut im Blick. Sie sollte sehr viel zusätzliche Energie bekommen, 24 Stunden freien Zugang zu Wasser und Futter. Achten Sie auch dar-

auf, dass die Hündin allen Welpen gerecht werden kann und dass alle Welpen gut geputzt und versäubert werden. Urin- und Kotabsatz ist überlebenswichtig, es kann sonst zum Darmverschluss kommen. Behalten Sie Ihre Hündin auch im Blick, wenn die Welpen größer werden. Nicht jedes Muttertier besitzt die Fähigkeiten, mit einem großen Wurf fertig zu werden. 8 heranwachsende Welpen, die über ihre Mutter herfallen, können sich zu einer Plage entwickeln und ein Mobber-Verhalten ausprägen. Die Hündin sollte jederzeit die Situation verlassen können. Greifen Sie ein und unterstützen Sie Ihre Hündin, wenn die Welpen zu frech werden und sich die Hündin nicht durchsetzen kann. Auch andere erwachsene Hunde im Rudel können helfen, diesen Bereich auszugleichen. Ist die Bande zu übergriffig, lassen Sie die Racker so früh es geht nach der Impfung Bekanntschaft mit anderen erwachsenen Artgenossen machen.

9.4 DER EINZELWELPE

Einzelhundekinder aufzuziehen erfordert viele zusätzliche Maßnahmen. Umso mehr, wenn die Mutter ganz ausfällt. All das, was Sie oben über die Aufzucht von mutterlosen Welpen gelesen haben, gilt es anzuwenden. Darüber hinaus sollten Sie, ob nun mutterlos oder „nur“ Einzelwelpe, auch die Welpengeschwister ersetzen. Gut wäre in den ersten Wochen die Bereitstellung von Kuscheltieren, an die sich der Welpe ebenfalls kuscheln kann. Am besten eignen sich Kuschelsocken, in denen Sie eine tickende Armbanduhr verstecken. Fragen Sie im Bekanntenkreis, die meisten haben so eine ausrangierte Uhr im Schrank liegen. An und wann lege ich die Socken in die Mikrowelle und verstecke danach die Uhr wieder in den Socken. Sie können aber auch sogenannte Taschenwärmer in die Socken packen, so simulieren sie die Wärme der Geschwisterwelpen. Am Tag simulieren Sie wie oben erwähnt des Öfteren das Fernbleiben der Mutterhündin. Dann ersetzen Sie die Wärmequelle der Mutterhündin auf jeden Fall durch „warme“ Geschwister.

Normalerweise lernt der Welpe im Verbund, wie sich ein Hund zu benehmen hat. Dies fehlt dem Einwelpen und wenn Sie nichts unternehmen, um diese Lücke zu schließen, entstehen hier große defizitäre Bereiche für sein späteres Leben.

AUFGABE ÜBERNEHMEN

Wichtig ist, sollte das Muttertier vorhanden sein, dass Sie nicht von Ihrer Hündin erwarten, diese Lücke zu füllen. Sie kann die frühkindlichen Kontaktspiele der Welpen nicht ersetzen. Passen Sie auf, dass die Hündin nicht zur Übermutter wird, oft sind Hündinnen von einem Welpen mehr gestresst als von einem ganzen Wurf.

Gönnen Sie ihr also die Ruhepausen. Es ist Ihre Aufgabe, die Spiele zu übernehmen. Legen Sie sich so oft es geht zu diesem Welpen, sobald er die Augen öffnet und imitieren Sie alters- und artgerechte Welpenspiele. Halten Sie rechtzeitig Ausschau nach anderen Züchtern und lassen Sie Ihren Einzelwelpen, wenn es geht, dort ab der 4. Woche im Verbund spielen. Voraussetzung: Die andere Hündin lässt es zu. Sonst sollten Sie versuchen, Ihren Welpen in diesen Gruppen ab der 6. Woche spielen zu lassen.

Eine Welpenspielgruppe mit gleich großen Welpen ist für jeden Einzelwelpen ein Muss und sollte, wenn es geht, noch mit Ihnen als Züchter stattfinden. Wählen Sie einen erfahrenen Hundetrainer, der mit Ihnen, sollte es defizitäre Bereiche geben, gleich daran arbeiten kann.

AdobeStock: spaskov

10

KRANKHEITEN

INTRO.

Auch die kleinsten können schon kränkeln. Natürlich ist es wichtig, dass wir im Notfall immer einen Tierarzt an unserer Seite haben. Aber manchmal kommt es eben anders als man denkt. Viele Sachen lassen sich auch ohne tierärztliche Besuche ganz wunderbar in den Griff bekommen.

AdobeStock: Olena

10.1 WURMBEFALL

Ich kann an dieser Stelle nur noch einmal betonen, dass es sehr wichtig ist, die Hündin im letzten Drittel kurz vor der Geburt noch einmal zu entwurmen. Halten Sie sich auf jeden Fall an die frühe Entwurmung der Welpen. Ein Wurmbefall kann schnell für alle Welpen tödlich enden. Manchmal schleppt die Mutterhündin aber doch von draußen Würmer mit hinein und die Welpen infizieren sich. Manchmal kann ein Welpe allein befallen sein. Sie erkennen dies schnell daran, dass dieser kleine Welpe einfach nicht zunimmt, das könnte der Grund sein. Das Fell des Welpen ist dann auch nicht so glänzend wie das seiner Geschwister. Sollte das so sein, müssen Sie leider alle Welpen mit einem Breitbandwurmmittel noch einmal entwurmen. Die Ansteckungsgefahr ist einfach zu groß. Wenn Ihre Welpen schon fressen, ist es bei mehrmaliger Vergabe angebracht, ein für Hunde zugelassenes Darm-Aufbaumittel zu verabreichen, um die Darmflora zu unterstützen.

10.2 FLOHBEFALL

Haben die Welpen Flöhe, ist guter Rat teuer. Die Welpen dürfen in der Regel nicht mit

Chemie behandelt werden. Behandelt werden müssen sie aber. Achten Sie darauf, dass Sie Ihrer Hündin keine Spot-on Lösung oder Tablette gegen die Flöhe geben, sondern dies immer versuchen, durch Spray oder ein Shampoo einzudämmen. Jetzt müssen Sie besonders sauber sein, jeden Tag die Kiste einsprühen und gut auswischen, damit die Flöhe keine Möglichkeit haben, sich zu verpaaren und Eier zu legen.

Man kann die Welpen auch in ein Spüli-Bad tauchen und hinterher sehr gut trocknen. Das soll helfen. Ich selber habe es noch nicht angewandt.

AdobeStock: Javier, sudowoodo

10.3 DURCHFÄLLE

Durchfälle können natürlich immer viele Gründe haben, Parasiten sind zuerst zu nennen. Manchmal ist es aber auch eine bakterielle Belastung. Wenn die Welpen schon fressen, macht ihnen manchmal auch die Futterumstellung zu schaffen. Haben die Welpen Durchfall, müssen Sie sofort handeln. Ein Kottest gibt sehr schnell Aufschluss darüber, ob die Welpen parasitär belastet sind. Immer wieder und das sehr häufig, erkranken Welpen an Giardien. Giardien sind unter uns Züchtern sehr gefürchtet, da bereits in der Trächtigkeit ein Giardienbefall zur Nichtannahme oder zum Abort führen kann.

Auch Clostridien-Infektionen sind auf dem Vormarsch. Sie verursachen immer häufiger schwere, bis blutige und tödliche Durchfälle. Schnelles Handeln ist erforderlich und die Vergabe von einer Antibiose erforderlich. Ist auch das nicht der Grund,

muss der Flüssigkeitsverlust ausgeglichen werden. Manchmal kann es sein, dass der Tierarzt entscheidet, ein Flüssigkeitsdepot unter der Haut anzulegen oder eine Infusion zu geben. Wichtig ist, dass Sie noch einmal Ihre gesamte Hygiene überprüfen.

10.4 INFEKTIONSKRANKHEITEN

Die meisten Infektionskrankheiten können durch gute Hygiene verhindert werden.

Mit der Hygiene steht und fällt in ihrem Aufzuchtszimmer alles. Ich erlebe es immer wieder, dass Besucher mit Straßenschuhen das Welpenzimmer betreten. Kein Züchter würde das zulassen, wenn ihm sichtbar wäre, was sich unter diesen Straßenschuhen befindet. Halten Sie daher unbedingt alle hygienischen Maßnahmen sorgfältig ein, bevor Sie das Welpen-Zimmer betreten. Denken Sie auch daran, Ihre Hündin entsprechend zu versäubern, wenn sie zurück in die Welpenbox geht.

Beachten Sie auch, dass Besucher Erreger einschleppen können. Ich rate Ihnen dringend, keinen Besuch vor Beginn der fünf-

AdobeStock: Виктория Дубровская, Kate

ten Woche zu empfangen und auch fremde Hunde, die nicht im Haushalt leben, sollten aus diesem Grund bis dahin tabu sein.

Entfernen Sie die Hinterlassenschaften der Welpen und alte Futterreste stets sorgfältig.

10.5 ANATOMISCHE BESONDERHEITEN

GAUMENSPALTE

Manche Welpen kommen mit einer Gaumenspalte zur Welt.

Die Gaumenspalte ist ein Geburtsfehler, bei dem der Gaumen nicht richtig ausgebildet und geschlossen ist. Man vermutet, dass zur Ausbildung von Spalten verschiedene Faktoren zusammen kommen müssen. Neben "äußeren" Ursachen wie Stress, Mangelernährung oder die Einnahme von bestimmten Medikamenten, viralen Infektionen, Vitamin B9 und 12 Mangel scheinen die "inneren", d.h. genetischen Faktoren eine Rolle zu spielen.

Die Veranlagung hierzu wird autosomal rezessiv vererbt, das heißt, dass beide Elternteile das defekte Chromosom im Erbgut haben, damit die Krankheit auftritt, was relativ selten vorkommt. Kurzköpfige Rassen sind hier am ehesten gefährdet. Manche betroffene Welpen haben auch einen ungewöhnlich kleinen Unterkiefer. Aufgrund von Trink- und Essproblemen und daraus resultierenden Lungenproblemen werden die meisten Welpen eingeschläfert.

Der Verschluss von Kiefer-Gaumenspalten könnte ein lebenswertes Hundeleben ermöglichen, wenn es möglich ist. Ohne Operation ist dies allerdings nicht möglich. Eine Gaumenspalte wächst niemals selbst wieder zusammen.

Inwieweit dies für Ihren Welpen in Frage kommt, sollten Sie immer mit einem Fachtierarzt klären.

SCHWIMMER

Manchmal ist schon in der 2. Woche zu beobachten, dass einige Welpen mit den Hinterläufen nicht nach oben kommen. Sie liegen auf dem Boden und es sieht tatsächlich so aus, als ob sie schwimmen würden. Sie liegen flach wie eine Flunder auf dem Boden und bewegen sich in Schwimmbewegung vorwärts.

Dieses Krankheitsbild nennt man deshalb auch Schwimmer. Solange es die Hinterbeine betrifft, sollten Sie schnell handeln. Der Welpe kann keine Gehversuche starten, weil er seine Hinterläufe nicht dazu einsetzen kann.

Ich möchte dieses Krankheitsbild hier aufführen, weil es mir die letz-

AdobeStock: tan4ikk

ten Jahre sehr häufig unter die Augen gekommen ist.

Es handelt sich hierbei um eine verzögerte Entwicklung des Nervensystems, die behoben werden kann. Es ist wichtig, dass der Welpe schnell auf seine Hinterläufe kommt, damit seinen Rippenkorb durch das Dauerliegen nicht deformiert wird.

In der Regel löst die Hinterhandmuskulatur einen Vorwärtsschub aus. Dem Schwimmer muss geholfen werden, auf die Hinterhand zu kommen und diese aufzustellen.

Um ihm dazu die nötige Stabilität zu geben, werden an beiden Läufen der Hinterhand Plastiktapebänder gerade über dem Sprunggelenk angelegt und zusammen verbunden. Diese dürfen den Welpen nicht einengen, sollen aber nicht so locker sitzen, damit sie nicht über das Sprunggelenk herüberrutschen.

Die Distanz zwischen den Beinen soll ungefähr die Länge haben, die bei einem normalen und gesunden Welpen zu beobachten ist.

Sie werden sehen, wie schnell dieser Welpe auf die Hinterläufe kommt und sich die Muskulatur so stärkt. Die meisten Welpen, die ich so behandelt habe, entwickeln sich vollständig normal.

11 DIE ABGABE

INTRO.

Alles Erdenkliche haben wir für unsere Welpenkinder getan und obwohl wir wissen, dass der Abholtag kommen wird, ist er jedes Mal plötzlich da und liegt meist schwer im Magen. Natürlich wird dies keine lustige Angelegenheit, aber auch hier lässt sich durch gute Planung und Vorbereitung der Abholtag für alle so gestalten, dass der Welpe einen guten Start in sein neues Leben haben kann. Und das macht letztendlich auch uns als Züchter froh.

AdobeStock: anoushkatoronto

11.1 ANGSTVERHALTEN IM BLICK HABEN.

Ab der 8. Woche dürfen die Welpen in Deutschland dauerhaft von der Mutterhündin getrennt werden.

Viele Vereine erlauben die Abgabe von kleinen Welpen in der 8. Woche und von größeren Welpen ab der 10. Woche. Das ist aber von Verein zu Verein unterschiedlich.

AdobeStock: Надія Коваль, NDABCREATIVITY, Monkey Business

Ich achte darauf, dass alle Welpen mit ihrer Angst gut zurechtkommen. Zu ängstliche Welpen werden keine Freude haben und es ist wichtig, dass sie sich ein ausgeglichenes Verhalten bei den anderen Hunden abgucken. Dafür ist es wichtig, dass alle Welpen mit dem Muttertier im Verbund da bleiben. Seine Angst würde sich eher vergrößern, wenn die anderen Welpen nacheinander wegbleiben würden. Wichtig ist, dass wir verstehen, dass sich die Angst in dieser Zeit beim Welpen verstärkt, das macht ihn lernbereit und schützt ihn im Rudel vor Auseinandersetzungen, macht ihn aber gleichzeitig auch so empfindlich, dass er bleibende Schäden aus einer nicht verarbeiteten Situation behalten könnte. Dies würde ihn negativ prägen und könnte ihn sein ganzes Leben lang belasten.

11.2 BESTER ABGABEZEITPUNKT

Die Hündin hat nun nach und nach eher ein freundschaftliches Verhältnis zu den Welpen und behandelt sie wie die anderen

sierungsphase bei weitem früher endet als früher kommuniziert. Ich verfolgte gerade eine TV-Sendung, in der eine Tierärztin der Meinung war, die Welpen müssten auf jeden Fall bis zur 16. Woche beim Züchter bleiben. Ich frage mich allerdings, wie dies realistisch darstellbar wäre und was wir dann für einen Preis für die Welpen nehmen sollen. Ich persönlich halte das für überzogen und auch nicht richtig. Der Welpe sollte auch genügend Sozialisierungsphase, und die endet meistens mit 14 Wochen, in seinem neuen Zuhause verbringen.

Hunde im Rudel. Da kann es auch schon einmal richtig Ärger geben, wenn der Welpe zu sehr nervt. Man weiß heute, dass mit der 8. Woche das soziale Spiel erst richtig beginnt. Diese Übungen mit der Mutter und den Geschwistern helfen, die Beißhemmung zu trainieren, sich wie ein Hund zu verhalten und den Platz in der Hundegesellschaft zu finden.

Es gibt zum Thema Abgabe so viele Meinungen, dass es einen teilweise sehr unsicher machen kann.

Was man weiß, ist, dass die Grundsoziali-

Fakt ist: Ein Welpe mit 8 Wochen kann zu diesem Zeitpunkt von seiner psychischen Entwicklung soweit sein, in sein neues Zuhause zu ziehen. Zu keiner anderen Zeit wird er in diesem Ausmaß offen sein, den Besitzer zu wechseln und die Umsetzung so leicht wegstecken. Vorausgesetzt, Ihr Welpe ist tatsächlich soweit. Und dann liegt es am neuen Besitzer, den Welpen mit Fachwissen durch den Rest der Sozialisierungsphase zu begleiten.

AdobeStock: Oleksandr

11.3 ABGABETAG FESTLEGEN

Es gibt kleine Rüpel im Welpenrudel, die Sie ganz schön auf Trab halten werden. Aber gerade diese Welpen sind manchmal wichtig, sodass andere Welpen mit ihrer Angst besser klarkommen werden. Sie lernen im Verbund viel soziales Miteinander. Es kann aber auch anders laufen, dass so ein Rüpel den ganzen Wurf tyrannisiert und auch die erwachsenen Hunde Reißaus nehmen. So ein Welpe muss in die Einzelerziehung, wenn er keinen hat, der ihn richtig in die Schranken weist. Sie als Züchter sind aber mit einem Wurf Welpen in dieser Phase nicht mehr in der Lage, ihm genügend Zeit zu geben, die er bräuchte. Für diesen Welpen wird es höchste Zeit, dass er von seinen neuen Besitzern abgeholt und gefordert wird.

Normalerweise setze ich deshalb den Tag der Abholung in einen Zeitraum. Ich habe eine Abgabezeitspanne von 1 ½ Wochen, sodass ich von meinen Welpenbesitzern Flexibilität verlange. Das erwähne ich immer schon am Anfang und nehme diesen Passus auch vertraglich mit auf. Natürlich ist das nicht immer möglich und auch hier muss man, in diesem Falle wir als Züchter, kompromissbereit sein.

Aber denken Sie daran, Sie möchten Hunde züchten, die nicht nur hübsch aussehen, sondern sich auch gut zurechtfinden und dem neuen Halter ein guter Kumpel sind, mit dem man durch dick und dünn gehen kann. Das sollte gerade auch in dieser empfindlichen Zeit von den neuen Besitzern verstanden werden.

Sind Sie sich am Anfang unsicher, ob alle Welpen soweit sind, holen Sie sich einen Verhaltenstherapeut für Hunde oder aber Ihre Wesensrichterin Ihres Vereins hinzu, soweit dies möglich ist.

Ein Welpe kann im Rudel ein ganz anderes Verhalten zeigen als bei den neuen Besitzern. Ein kleiner Jammerlappen kann als verwöhnter Prinz schnell zum mutigen Ritter werden und manchmal wird der Draufgänger ganz klein mit Hut. Kommunizieren Sie dies auch an die künftigen Besitzer.

Manchmal muss ein Welpenkind länger bei Ihnen verweilen. Behalten Sie die gewohnte Routine bei und machen Sie sich klar, dass dies nicht Ihr Hund ist, das macht es Ihnen und Ihrem Welpen leichter, später zu gehen.

11.4 DER ABHOLTAG.

Auch hier gibt es unzählige Meinungen und Vorschläge, wie dies am besten abläuft. Manche Züchter geben die Welpen sukzessive nach und nach ab, andere alle an einem Tag.

Ich mache es so: Mein eigenes Rudel und gerade die Mutterhündin verbleiben die Nächte ab der 8. Woche nicht mehr bei ihren Welpen. Wir machen tolle ausgedehnte Spaziergänge und genießen Zeiten ohne die ganze Schar. Alle meine Hündinnen haben ihre Welpen nicht gesucht, nachdem sie weg waren. Sind alle Welpen weg, baue ich alle Gerätschaften ab und meine Hunde sind dabei.

Wenn die Welpen also abgabebereit sind, sage ich den Besitzern Bescheid und in den nächsten 4 Tagen kann abgeholt werden. Dann kommt es, wie es kommt.

Versuchen Sie, an diesem Tag nicht so traurig zu sein, Sie schaukeln die Aufregung für die Welpen nur unnötig nach oben.

Einen Tag vor Abgabe bekommen alle Welpen und auch ich, 3 x am Tag Rescue Tropfen. Den Welpen gebe ich ein kleines Röhrchen mit Ignacia D30 Globuli mit. 1 x 5 am Abend verhindern das gröbste Heimweh.

Nehmen Sie sich bei der Abholung genügend Zeit, um eventuell restliche Fragen zu klären. Ob der Welpe dann schon dabei ist oder nicht, entscheiden Sie. Wenn Sie vor Kummer währenddessen nicht denken können, macht es keinen Sinn, dass der Welpe im gleichen Raum ist.

Alle Konditionen vereinbare ich vorher, sodass ich nur noch die Restsumme quittiere und das im Vertrag vermerke. Obwohl schon besprochen, gehe ich immer noch einmal Fütterungszeiten und Mengen durch. Die Tasche mit den eventuell schon vorher gebrachten Körbchen und Spielsachen ist gepackt, Futter für die nächsten Tage, Impfausweis sowie ein Spielzeug von uns, ist ebenfalls mit von der Partie.

Die Ahnentafeln sind meistens in dieser Zeit noch nicht vom Vereinsbüro da, deshalb vermerken wir schriftlich im Vertrag, dass diese nachgereicht werden.

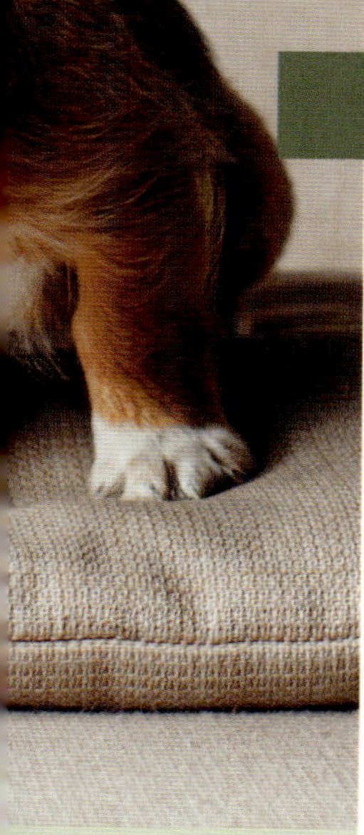

11.5 BEFÖRDERUNG DES WELPEN IN SEIN NEUES HEIM

Den Welpen während der Fahrt in eine Transportbox zu stecken ist zwar korrekt, aber für den Anfang keine gute Idee. Der Welpe bekommt das Halsband um und es sollte daran eine kleine Leine hängen, so ist man auf der sicheren Seite.

Fakt ist: Der Welpe teilt die Freude der Besitzer bei der Abholung nicht. Sie nehmen ihm die Mutter und die Geschwister. Und das findet er zurecht nicht schön. Deshalb sollten seine Abholung und die ersten Tage so stressfrei wie möglich verlaufen. Besprechen Sie dies ausgiebig mit den Käufern.

Der Welpe sollte immer zu zweit abgeholt werden. Ich wickele die Welpen in die kleinen Kuscheldecken ein, die schon etwas demoliert sind, aber wohlig vertraut nach dem Rudel riechen. Das gibt Sicherheit für die Fahrt und die nächsten Tage.

Immer wieder sind Welpen so aufgeregt, dass sie sich erbrechen. Es ist gut, wenn Sie dem Welpenbesitzer nicht nur Ignacia C 30 gegen Heimweh mitgeben, sondern auch Nux Vomica D6, falls dem Welpen übel wird und er spuckt. Jede ½ Stunde, 5 Globuli lassen ihm gleich wohler werden.

Dann sind sie weg, die Welpen. Voller Stolz und meistens dunklen Augenringen können Sie stolz auf sich sein. Genießen Sie ein bisschen die Stille mit der Mutterhündin und freuen Sie sich jetzt schon auf Ihr nächstes Abenteuer.

12

KLEINE HAUSAPOTHEKE

INTRO.

Homöopathische Notfallapotheke

Es ist immer gut, für den Notfall vorbereitet zu sein. Bitte beachten Sie, dass die unten aufgeführten Mittel sehr grobflächig genannt sind und es sowohl bei der Anwendung von naturheilkundlichen Mitteln als auch bei der Vergabe von Homöopathie immer besser ist, einen Therapeuten zu befragen.

Im Notfall heißt es: Erste Hilfe leisten und dann einen Tierarzt konsultieren. Ausgewachsene Hunde bekommen immer 5 Globuli. Welpen unter 1 Kilo bekommen 1-2 Globuli, Welpen ab 1 Kilo 5 Globuli.

HOMÖOPATHISCHE NOTFALLAPOTHEKE

SCHNITTVERLETZUNG

Arnica D6
3 x am Tag, bis Besserung eintritt

Staphisagria C 30
einmalige Vergabe

INSEKTENSTICHE

Arnica C 30
einmalige Vergabe

Apis C 30
einmalige Vergabe

AdobeStock: ShutterDivision, nataba, 24K-Production

SCHOCKZUSTAND NACH UNFALL, BEISSEREI, SCHRECKEN ETC.

Aconitum C 200
einmalige Vergabe

Arnica C 200
einmalige Vergabe

ENTZÜNDUNGEN, BAKTERIELLE

Haut, Halsentzündung, Blasenentzündung, Augenentzündung, etc.

Notakehl Tropfen
Zum Beispiel äußerlich auch am Auge, *je ein Tropfen 3 x täglich*
Halsentzündung 5 Tropfen 3x am Tag in den Rachen, sonst einfach in das Futter oder auf die Zunge

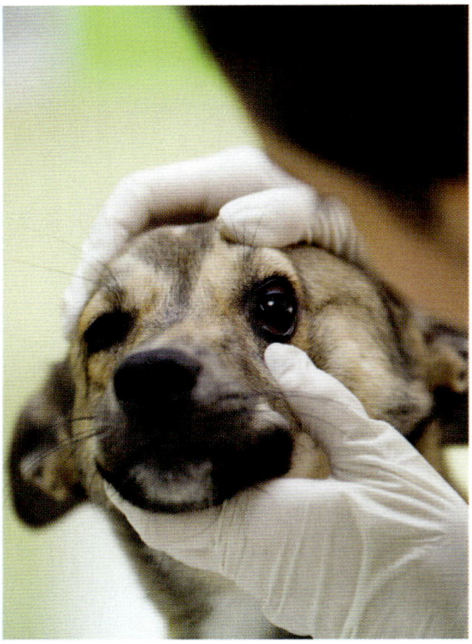

MAGEN UND DARM

Arsenicum Album D6
3 x täglich bis Besserung
Bei Durchfall ohne Erbrechen, Stuhl stinkt faul, eher virale oder bakterielle Magen-Darm-Infektion

Nux Vomica D6
3 x täglich bis Besserung
Übelkeit, Erbrechen, Durchfall, Magen-Darm

Podophyllum D6
3 x täglich bis Besserung
Nur Durchfall, definitiv etwas Schlechtes gefressen, zu viel gefressen, umgekipptes Wasser getrunken, etc.

Iberogast
Immer 10 Tropfen ins Trinkwasser bei allen Problemen.

ERKÄLTUNG

Aconitum D6
Bei den ersten Anzeichen stündliche Vergabe bis Besserung dann 3 x täglich bis Besserung

13

TO-DO-LISTEN

VORBEREITUNG DER HÜNDIN: TO-DO-LISTE

WAS IST ZU TUN?

Passenden Rüden zur Deckung suchen, evtl. Verein fragen, Zeiten und Kosten mit dem Deckrüdenbesitzer klären, Deckschein vom Verein anfordern, am besten Wurfmeldung gleich mit anfordern.

AdobeStock: BullRun

Hündin sollte fit sein, ruhig noch einmal das Gewicht angucken und ggf. handeln

Wichtige Termine, wie z.B. Behördengänge, Arzt, etc. jetzt erledigen.

WAS?	WIE/WARUM?
8-9 Wochen vor LF Hündin entgiften (siehe Text Vorbereitung der Hündin) Darmsanierung, Darmbakterien aufbauen	Macht die Zelle sauber
5-7 Wochen vor LF Stoffwechsel pushen (siehe Text: Vorbereitung der Hündin)	Regt die Zellen an, frische Kur für die Hündin Aktiviert dieAbwehrkräfte z.B. Coenzyme compositum 5Ampullen zu je 5ml täglich 1Ampulle verteilen auf Mahlzeiten Danach Schüßlersalze und Darmaufbaumittel für Hunde
10 Wochen vor LF Zum Tierarzt Scheidenabstrich, testen auf Keime. Keime können dasAufnehmen verhindern und Welpen schädigen. Evtl. Behandlung ACHTUNG Behandlung sollte weit vor LF abgeschlossen sein,Antibiotika beeinflusst den Hormonhaushalt, somit auch Eisprung und Scheidenmilieu	Falls Behandlung durchAntibiotika: Ausleitung Vergabe Flor de Piedra D4 1x5 Globuli, Dann noch einmal Darmbakterienaufbau eine Woche z.B. mit Omni Biotic, eine Messerspitze pro Tag zum Fressen
9 Wochen vor LF FUTTERUMSTELLUNG evtl. Nassfutter bis letztes Drittel Trächtigkeit Zufüttern von Nahrungsergänzungsmitteln nachAbsprache mit dem Tierarzt, z.B. Folsäure	Hilft beim Darmaufbau undAbtransport kann Missbildung vorbeugen

AdobeStock: Eva, tan4ikk

9 Wochen vor der LF Kotuntersuchung auf Keime und Parasiten

ggf. Bei Befall Behandlung dann Darmaufbaumittel

Parasiten wie Giardien stehen der Fruchtbarkeit im Wege und verhindern dasAufnehmen

Gesunder Darm = gesunder Hund

WANN?	WIE VIEL/WAS?	WARUM?
Ab LF ACHTUNG nur für Hündinnen die Deckakt verweigern und jungfräuliche Hündinnen	Sepia D6 3 x tgl. 5 Globuli, bis zum Decktag dann 1 Gabe morgens und eine Stunde vor Deckakt	Hilft der Hündin, sexuelle Aktivitäten auszubilden wirkt ausgleichend
Ab LF	Cuprum metallicum D6 1x tgl. 5 Globuli bis zur Deckung	Steigert die Fruchtbarkeit, hilft bei sexueller Unlust, wirkt krampflösend und regt die Nieren an.
Weiter in der LF ACHTUNG nur für Hündinnen die Deckakt verweigern und jungfräuliche Hündinnen	Sepia D6 3 x tgl. 5 Globuli, bis zum Decktag dann 1 Gabe morgens und eine Stunde vor Deckakt	Hilft der Hündin sexuelle Aktivitäten auszubilden wirkt ausgleichend
Weiter ab der LF	Cuprum metallicum D6 1x tgl. 5 Gl. bis zur Deckung	Steigert die Fruchtbarkeit, hilft bei sexueller Unlust wirkt krampflösend und regt die Nieren an
Ab der LF	Himbeerblätter ½ Teelöffel 1 x ins Fressen bis zumAbsetzen der Welpen	Schützt vorAbort, Kaiserschnitt, entspannt/ reinigt die Gebärmutter, reduziert Blutungen, fördert die Milchbildung
Ab der LF Deckaktvorbereitung vor allem für jungfräuliche Hündinnen	Bachblütenmischung Aspen Scleranthus Walnut Chestnut Bud 2x tgl. 5 Tropfen bis zum Decktag	Macht unerfahrene Hündin gelassen und selbstsicherer Bereitschaft zu lernen, einen Schritt zu gehen, etwas Neues anfangen
Ab 6. Tag der LF Deckaktvorbereitung für Hündinnen mit schlechten Deckerfahrungen	Rescue Remedy 2x tgl. 5 Tropfen bis zum Decktag	Lässt Hündinnen das Ereignis verarbeiten und vergessen. Macht gelassen, Bereitschaft loszulassen neu anzufangen. Ruhig und besonnen.

13.1 DECKAKT TO-DO-LISTE

Was	wie/warum
Haare um die Scham kürzen	Erleichterung beim Deckakt, kein Hängenbleiben oder Verfangen im Haar der Hündin.

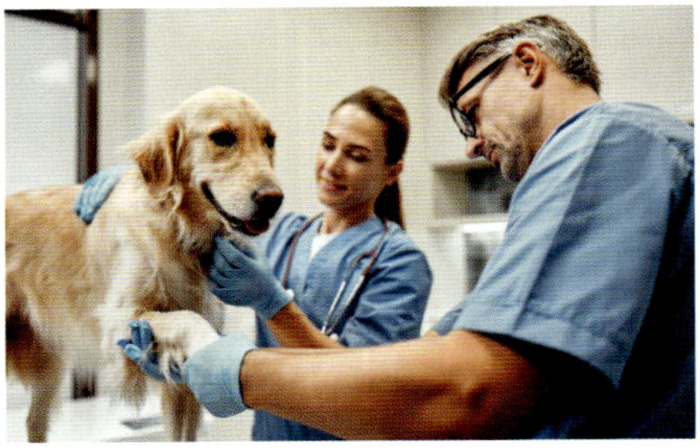

Tierarzt evtl. noch einmal das Progesteron testen lassen. Bescheid geben, falls künstliche Besamung erwünscht und Termin machen evtl. zusätzlich zur Blutabnahme Test für Calcium/Vitamin B 12 und Folsäure-Status **Bester Decktag:** Bester Tag für den ersten Deckversuch bei einem Natursprung ist der 1. Tag nach dem Eisprung. Also ist der Wert zum Beispiel **Montag** bei 6 ng/ml, so ist der beste Tag für den **ersten Deckversuch Montag oder Dienstag**. Am Mittwoch erfolgt dann der zweite Deckversuch. Donnerstag dann der 3. Deckakt. Sollte der Rüde nur 2 x zur Verfügung stehen, würde ich Dienstag und Mittwoch decken lassen. Beste Ergebnisse wurden bei Werten zwischen 9,5 und 12,5 ng/ml beim ersten Deckakt erzielt.	Test ermittelt Progesteronwert Hilft defizitäre Bereiche erkennen 1. Decktag Deckversuch 2. Decktag Deckversuch morgens, falls es nicht gelingt, wenn möglich mittags wiederholen. Falls es bisher nicht geklappt hat, schnellstens einen anderen Rüden oder an eine künstliche Besamung denken. 3. Decktag Deckversuch später Mittag
An den Decktagen Hündin Gassi gehen	ca. vier Stunden vor dem Deckakt Hündin spazieren führen. Direkt vor dem Deckakt noch einmal kurz spazieren gehen. Ohne viel Aufregung in Ruhe an der Leine
Nach der Deckung	Hündin direkt in die Box, ca. 2 Stunden so wenig wie möglich bewegen.

13.2 TRÄCHTIGKEIT TO-DO-LISTE

Generell wichtig für die Trächtigkeit:

Keine Vergabe von Nux Vomica in der Trächtigkeit, es fördert den Abgang.

Droht ein Frühabort, z.B. durch Stoß, Fall, Quetschung, Unfall, Schock, etc., sofort Arnica D3 ½ stündlich 10 Tropfen, bis man sicher ist, dass die Gefahr vorüber ist.

Wichtig

Hündin ab dem 12. Tag nach der Deckung nicht ruppig toben oder laufen lassen.

Vom 12. bis 21. Tag nach der Deckung nisten sich die Embryos in der Gebärmutter ein.

Weiter 1. bis 2. Woche	Himbeerblätter ½ Teelöffel tgl. 1 x ins Fressen bis zum Absetzen der Welpen evtl. Folsäure zufüttern	schützt vor Abort, Kaiserschnitt, entspannt/reinigt die Gebärmutter, reduziert Blutungen, fördert die Milchbildung. Kann vor Missbildung schützen
Weiter 1. bis 2. Woche	Gewohntes Futter	Hündin soll gut ernährt werden, fördert Ruhe und gute Einnistung

WOCHE 3 DER TRÄCHTIGKEIT

Und sonst noch:

Bewegung ist wichtig, ABER Hündin nicht springen lassen oder fest unter dem Bauch packen.

Am 21. Tag setzen sich die Keimbläschen in der Gebärmutter fest. Diese formen embryonale Bläschen, die sich zerdrücken lassen.

Hündin kleinere Mahlzeiten füttern, falls Übelkeit.

Hilft der Hündin bei Übelkeit, frisst die Hündin ein paar Tage nichts, kleine Leckereien anbieten.

AdobeStock: Ermolaev Alexandr, Tatyana Gladskih

Weiter 3. Woche	Himbeerblätter ½ Teelöffel tgl. 1 x ins Fressen bis zum Absetzen der Welpen	Schützt vor Abort, Kaiserschnitt, entspannt/reinigt die Gebärmutter, reduziert Blutungen, fördert die Milchbildung.
Weiter 3. Woche	Gewohntes Futter	Hündin soll gut ernährt werden, fördert Ruhe und gute Einnistung

WOCHE 4 DER TRÄCHTIGKEIT

Ist abzusehen, dass die Hündin einen großen Wurf bekommt, gibt man folgende Bachblütenmischung, um zu stärken, damit es keine Erschöpfungszustände gibt.

Hündin bekommt großen Wurf
2-4 x tgl. 5 Tropfen Elm, Hornbeam, Olive

WAS IST ZU TUN?

Haare der Hündin unter dem Bauch scheren

Palpitation NUR von einer Tierhebamme oder sehr erfahrenen Züchtern

Zum Tierarzt

Ultraschall am besten erst am 35. Tag, wenn geschallt wird, Hündin bitte nicht liegend schallen.

Für den anstehenden Ultraschall, für die Hündin weniger aufregend, wenn dies vorsichtig selbst gemacht wird.

Vorsichtiges Abtasten, ob kirsch- bis walnussgroße Früchte in den Gebärmutterschläuchen hängen. Man braucht dafür Erfahrung und kann die empfindsamen Früchte schädigen.

WANN?	WIE VIEL/WAS?	WARUM?
4. Woche	Himbeerblätter ½ Teelöffel tgl. 1 x ins Fressen bis zum Absetzen der Welpen	Schützt vor Abort, Kaiserschnitt, entspannt/reinigt die Gebärmutter, reduziert Blutungen, fördert die Milchbildung.
4. Woche	Gewohntes Futter plus eine gute Eiweißquelle	Hündin soll gut ernährt werden, fördert Ruhe und gute Einnistung

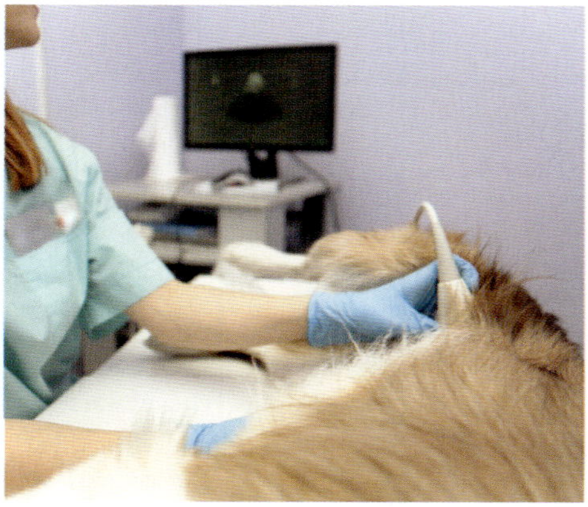

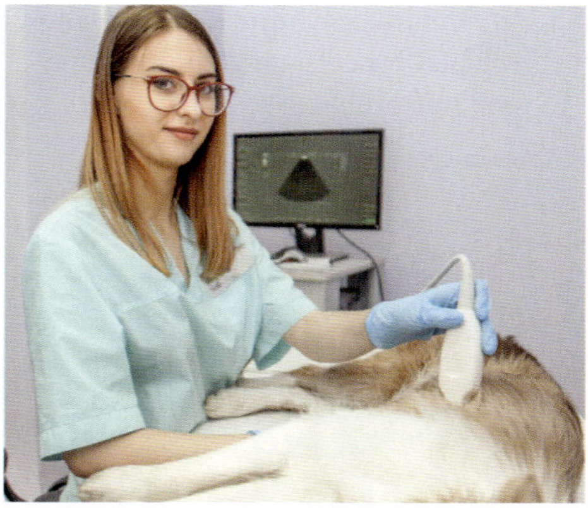

WOCHE 5

Wichtig: Alles erledigen, was noch Zeit in Anspruch nehmen würde.

- **Futteranpassung**
  keine Knochen
- Protein Zusatz füttern,
- ACHTUNG Hündin nicht überfüttern
- Hündin nicht überbelasten, keine Treppen und ausgedehnten sehr lange Spaziergänge mehr
- Es wird eng im Bauch, Knochenteile machen den Kot in der Regel sehr fest, festes Pressen nicht gut.
- Hündin braucht etwas mehr Energie für das Wachstum der Welpen.
- Eine zu dicke Hündin wird träge und dadurch noch dicker, dies führt zu Geburtskomplikationen.
- Hündin braucht vermehrt Ruhe und Schlaf, Überbelastung führt zu Knie und Hüftproblemen.

WANN?	WAS?	WARUM?
5. Woche	Himbeerblätter ½ Teelöffel tgl. 1 x ins Fressen bis zum Absetzen der Welpen	Schützt vor Abort, Kaiserschnitt, entspannt/reinigt die Gebärmutter, reduziert Blutungen, fördert die Milchbildung.
5. Woche	Gewohntes Futter plus eine gute Eiweißquelle	Hündin soll gut ernährt werden, fördert Ruhe und gute Einnistung

WOCHE 6 UND 7

Wichtig

- Tierarzt über möglichen Wurftermin informieren
- Nottierärzte heraussuchen
- Normaltemperatur der Hündin ermitteln, notieren
- Handtücher, Decken etc. waschen, alles reinigen
- Hündin jetzt Haare kürzen. Besonders unter dem Bauch und im Schambereich. Erleichtert Fellpflege und die Welpen können sich nicht im Fell verfangen.
- extra Taschen für mögliche Eklampsie oder aber Kaiserschnitt packen.

Dinge für die Geburt besorgen Kaltgepresstes Welpenfutter Auf jeden Fall besorgen:' Wurmkur für Welpen und Hündin Welpenauslauf Heizkissen für Hunde Inkontinenzunterlagen (90x60) sonst siehe ——————————————>	Himbeerblätter ½ Teelöffel tgl. 1 x ins Fressen bis zum Absetzen der Welpen
Welpenzimmer einrichten	Wurfkiste aufstellen (Hündin daran gewöhnen) Betttücher waschen, so weit es sinnvoll ist alles säubern
Geburtsprotokoll und Aufzuchtstabelle vorbereiten	Am besten schon vorbereiten, spart Arbeit
Kleinanzeigen, Internetseite	Wurfankündigung. Internetseite erstellen
Welpenbesitzerbewerbung	Spart Zeit

Wann	Was/ Wie viel	Warum
Weiter 6. und 7. Woche Himbeerblätter	½ Teelöffel tgl. 1 x ins Fressen bis zum Absetzen der Welpen	Schützt vor Abort, Kaiserschnitt, entspannt/reinigt die Gebärmutter, reduziert Blutungen, fördert die Milchbildung.

6. und 7. Woche	Welpenfutter, keine zusätzlichen Kohlenhydrate, evtl. Rind gebraten als Leckerchen evtl. alle paar Tage ein Tropfen Vitamin D Tropfen ein Tropfen in das Futter, Folsäure wenn notwendig	Hündin Calcium speichern fördert Ruhe und gute Versorgung, langsame Umstellung
6. und 7. Woche	1 x täglich Omni Biotic Cats and dogs	Hilft bei Futterumstellung Darmaufbau

WOCHE 8 UND 9

Zum Versäubern Orte aufsuchen, die nicht oder sehr wenig von anderen Hunden besucht werden. Es herrscht Ansteckungsgefahr durch Keime und Viren.

Normalerweise werfen Hündinnen zwischen **dem 58. und 63. Tag** nach der letzten Bedeckung.

Welpenzimmer	Soweit alles für die Geburt vorbereiten
Tierarzt Check	Evtl. noch einmal Ultraschall oder aber bei Rassen mit großen Köpfen ggf. Röntgenbild, evtl. Untersuchung Kot auf Würmer und Behandlung
Tankstelle	Tank sollte voll sein
Einkauf	ggf. alles, was geht, jetzt einkaufen und erledigen, auch große Mengen Futter jetzt einkaufen oder fertig machen.
Hundefutter	Auch bei großem Appetit: normal(!) füttern. Wenig bis kein Appetit: gern Tatar oder gekochtes Huhn mit Leinöl und frischer Petersilie füttern, viele kleine Mahlzeiten

Ab Ende des 65. Tages herrscht äußerste Vorsicht und man fährt lieber zum Tierarzt.

Hündin an die Box gewöhnen

- 1 x tgl.
  Fieber messen
- Bauch und Schambereich noch einmal gründlich säubern. Haare noch einmal sehr kurz schneiden. Bauch scheren!!!!
- Ort für die Versäuberung unter der Geburt suchen. Hündin damit vertraut machen.

AdobeStock: makistock, DariaTrofimova

7. Tage vor errechnetem GT	Bachblüten Elm, Mimulus, Olive, Sclerantus Holy, Crap Apple Walnut 2-4 x tgl. 5 Tropfen + Chestnut Bud wenn eine vorherige Geburt schwierig war	Stimmt auf die Geburt ein, schafft Vertrauen und Entspannung
14 Tage vor errechnetem GT	Pulsatilla D6 1 x 5 Globuli bis zur Geburt	Zur Vorbereitung auf die Geburt, verhindert in der Regel schwere Geburten und Kaiserschnitte
Am 58. Tag	Röntgen 2 Schichten am Abend Wichtig: Calciumstatus eventuell durch den Tierarzt	2 Schichten von oben und der Seite inkl. inneres Becken
Am 58. Tag	Entwurmen morgens danach 3 x am Tag 5 Globuli Flor de Piedra D4 einen Tag	Milbemax Wurmkur Für die Leber
Am 58. Tag	Arnica D6 2 x tgl. 5 Globuli bis 8 Tage nach der Geburt	Fördert den Heilungsprozess
Am 58. Tag	Fiebermessen morgens und abends Normaltemperatur beim Hund selbst messen, schwankt von Rasse zu Rasse.	Bei Tiefstand: Geburt geht in 12-36 Stunden los. Temperatur wieder normal: Eröffnungsphase geht los, kann dann nochmal 36 Stunden dauern
Ab 60. Tag.	Traumeel 3 x tgl. bis zur Geburt	Fördert den Lymphfluss und somit die Reinigung, fördert schmerz- und schockfreie Geburt, Geburtsorgane erholen sich schneller
Am 59. Tag	Caulophyllum D 30 1 x 5 Globuli	Schützt vor Geburtsschwierigkeiten
Ab Eröffnung	eine ½ Ampulle Calcium Frubiase ins Maul geben	Baut Calcium auf, verhindert Eklampsie unter Geburt

Problem	Was?	Warum?
Geburt verläuft normal	Alle 30 bis 60 Minuten 5 Tropfen Bachblütenmischung Elm, Crap Apple, Scleranthus, Rescue Remedy	Unterstützt die Hündin in ihrem Eifer, gibt Zuversicht und schafft Freude und Elan sowie Geduld
Welpen erscheinen ohne erkennbares Geburtshindernis in zu langen Abständen, Hündin liegt nicht in den Wehen	Cimicifuga D6 ½ stdl. 2-3 x je 5 Globuli	Aktiviert die Geburt und die normalen Wehen
Hündin hat anfangs gepresst und dann allmählich aufgehört	Caulophyllum D6 und Secale corntum D6 ¼ stündlich im Wechsel je 5 Globuli	Lässt die Wehen wieder aufleben oder kräftiger werden. Zeigt dies nach 2 Stunden keinen Erfolg, liegt höchstwahrscheinlich ein Geburtshindernis vor. Tierarzt.
Einige Welpen sind geboren, Hündin ist erschöpft, Wehen lassen nach	Caulophyllum D30 alle 20 Minuten 5 Globuli Frubiase calcium eine Ampulle	Regt Wehen an, stärkt regt die Wehentätigkeit an
Welpe erscheint trotz regelmäßiger Wehen und Vergabe von Caulophyllum und Secale nach 2-3 Stunden nicht und Hündin zeigt Anzeichen von Erschöpfung	Es stimmt etwas nicht.	SOFORT zum Tierarzt
Welpe ist sehr erschöpft oder atmet nicht	Fruchtwasser aus Mäulchen und Nase entfernen, zur Not absaugen, kräftig rubbeln, entweder eine Gabe Camphora D1 o. eine Gabe Respirottropfen	Regt zum Atmen an, ACHTUNG schäumt ein wenig
Welpe kann Fruchtwasser nicht abhusten, erschwerte Atmung	1 x 1 Tropfen Ammonium jodatum D6	Verhindert allergische Reaktion der Atemwege

AdobeStock: nuzza11, Анна Абрамова

13.3 TO-DO-LISTE GEBURT UND GEBURTSPROBLEME

Problem	Was?	Warum?
HÜNDIN BRAUCHT KAISERSCHNITT Ruhe bewahren! - Hündin in den festen Tragekorb. Hündin nicht Unter dem Bauch tragen! - allen Welpen Welpen-Booster verabreichen - Welpen mit Wärmflasche In den Weidenkorb - Geburtsutensilien mit nehmen, falls Geburt im Auto weitergeht	**Vor dem Schnitt** 1x 5 Gl. Staphisagria D6 1x 5 Gl. Acconitum C 200 1x 5 Gl. Arnica C 200	Bereitet auf Schnitt vor nimmt den Schock nimmt Schock + Heilung
	Nach der OP 1x ! 5 Gl. Urtica Urens D30 1 x 5 Globulis China D 30	regt Milchfluss an Stärkt, wirkt Flüssigkeits-verlust entgegen
	nach Geburt 7 Tage lang 1 x 5 Gl. Staphisagria D6 3x 5 Gl. Arnica D6 3x 5. Gl. BellisD6 1 x 5 Gl. Chamoilla D30 1x 5 Gl. Magnesium Phosphoricum D30 Traumeel 3 x 2 Tbl. am Tag	verschliesst den Schnitt heilt bessere Wundheilung Nimmt Schmerzempfindlichkeit Entkrampfend regt die Lhymphe an
	unbedingt eine Infusion!	um den Schock zu über-winden
	Evtl. Nachgeburt fressen lassen	regt Milchfluss an
	3x tgl. 5 Gl. China D6	wenn die Hündin er-schöpft ist
	1-2 x tgl. Calcium Frubiase Trinkampulle, ganze Laktationszeit durch	vorbeugend Eklampsie
	Lactovetsan 2 x 10 Tropfen	regt den Milchfluss an
	Der Tierarzt wird ein Antibiotikum verschreiben	gegen Entzündungen

13.4 MASTITIS NOTFALLPLAN TO-DO-LISTE

Die Hündin hat dicke und pralle Zitzen, Welpen können nicht trinken	Versuchen, Zitzen abzumelken, oder einen starken Welpen anlegen Laktovetsan stdl. 0,1 ml sofort Bryonia D6 und Bellis Perennis D 6 alle 15 Minuten 5 Gl. geben bis Milch fließt.	Lässt die Milch fließen Nimmt Schmerz, entspannt
Das Gesäuge ist hart, rot, geschwollen, heiß und sehr schmerzhaft	ACHTUNG beginnende Mastitis = Gesäugeentzündung auf jeden Fall zum Tierarzt	Tierarzt wird Keimprobe nehmen und entscheiden, ob die Hündin Antibiotika braucht und ob die Welpen noch trinken dürfen.

Zusätzlich

- jede halbe Stunde Belladonna D4 1 x 5 Gl. Mit
- Apis D3 im Wechsel
- gern auch das Komplexmittel Apis Belladonna D 6 von Wala
- Schüßler Salz Nr. 11
  3x 1 tgl.
- Schüßler Salz Nr. 5
  3 x 1 tgl.
- Entzündungshemmend und Immunstärkend
- stärkt Abwehr, heilend

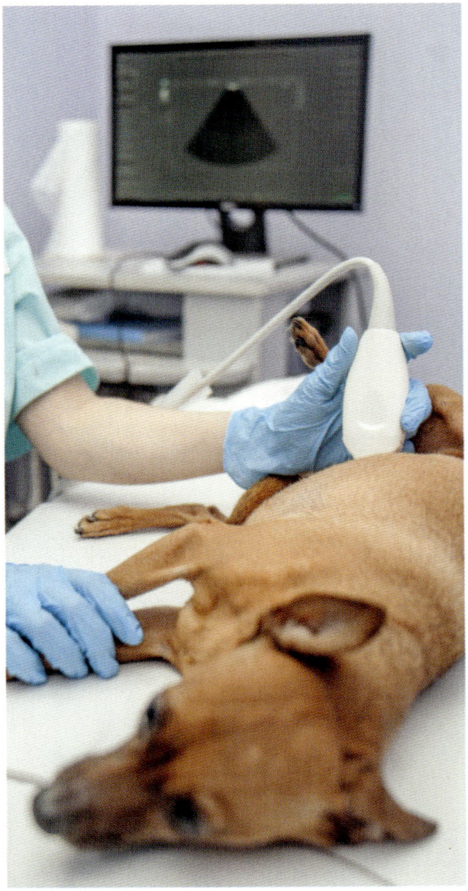

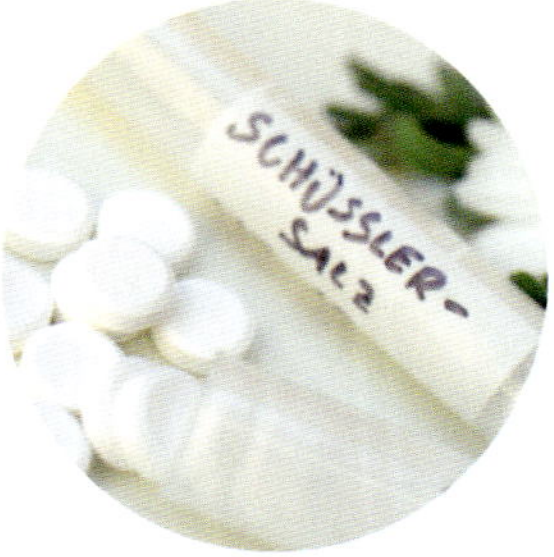

AdobeStock: Ermolaev Alexandr, alexsokolov, Sonja Birkelbach

14

PROTO-KOLLE

AdobeStock: ARAMYAN

14.1 GEBURTSPROTOKOLL-VORLAGE

GEBURTSPROTOKOLL

Name der Hündin: ______________________ Datum: ________

Nr.	Zeit	Gewicht	Geschlecht	Farbe	Bemerkung	Sonstiges
1			Männlich Weiblich		Nachgeburt Ja Nein gefressen Ja Nein Geburt Kopf Steiß	
2			Männlich Weiblich		Nachgeburt Ja Nein gefressen Ja Nein Geburt Kopf Steiß	
3			Männlich Weiblich		Nachgeburt Ja Nein gefressen Ja Nein Geburt Kopf Steiß	
4			Männlich Weiblich		Nachgeburt Ja Nein gefressen Ja Nein Geburt Kopf Steiß	

Nr.	Zeit	Gewicht	Geschlecht	Farbe	Bemerkung	Sonstiges
5			Männlich Weiblich		Nachgeburt Ja Nein gefressen Ja Nein Geburt Kopf Steiß	
6			Männlich Weiblich		Nachgeburt Ja Nein gefressen Ja Nein Geburt Kopf Steiß	
7			Männlich Weiblich		Nachgeburt Ja Nein gefressen Ja Nein Geburt Kopf Steiß	
8 Farbe			Männlich Weiblich	Schwarz braun weißer Fleck Wo?	Nachgeburt Ja Nein gefressen Ja Nein Geburt Kopf Steiß	
9			Männlich Weiblich		Nachgeburt Ja Nein gefressen Ja Nein Geburt Kopf Steiß	

Nr.	Zeit	Gewicht	Geschlecht	Farbe	Bemerkung	Sonstiges
10			Männlich Weiblich		Nachgeburt Ja Nein gefressen Ja Nein Geburt Kopf Steiß	
11			Männlich Weiblich		Nachgeburt Ja Nein gefressen Ja Nein Geburt Kopf Steiß	
12			Männlich Weiblich		Nachgeburt Ja Nein gefressen Ja Nein Geburt Kopf Steiß	

Geburtsende:_________________

Medikamente verabreicht Hündin:

Medikamente verabreicht Welpen :

14.2 AUFZUCHTSPROTOKOLL

Datum	1	2	3	4	5	6	7	8	Welpen Vergabe/ Sonstiges	Hündin Tempe- ratur/ Vergabe
Geburts- gewicht										

Zunahme

Zunahme

Zunahme

Zunahme

Zunahme

Zunahme

Zunahme

Zunahme

Zunahme

Zunahme

Zunahme

Zunahme

Zunahme

EPILOG

Ich hoffe sehr, dass ich Ihnen mit diesem Buch eine gute Stütze an die Seite gegeben habe und Sie vielleicht auch Ihre Arbeit von einer anderen Seite betrachten können. Nicht immer läuft alles optimal. Das kann es auch gar nicht, weil wir es hier mit Lebewesen zu tun haben. Auch diese verändern sich von Zeit zu Zeit.

Deshalb gibt es eben nicht den einen richtigen Weg. Es ist immer ein Abwägen von „was ist jetzt wirklich wichtig“ und „was darf an zweiter Stelle kommen“. Das ist natürlich gerade beim Züchten eine besondere Herausforderung. Ein gesundes gutes Fundament haben Sie nun geschaffen. Jetzt wünsche ich Ihnen alles erdenkliche GuteI und natürlich auch eine dicke Portion Züchterglück.

Ihre Nathalie

In diesem Buch erfahren Hundehalter alles über die Heilmethoden von Naturheilkunde und Schulmedizin und vor allem, was sie selbst für ihr Tier tun können. Die Autorin erläutert verständlich und kurzweilig, was bei einer Allergie im körpereigenen Immunsystem falsch läuft, welche Therapien, Medikamente und Futtermittel wirklich helfen und worauf man verzichten sollte. Wer endlich die Krankheit seines Hundes verstehen und für sein Wohlergehen selbst aktiv werden will, findet hier den Schlüssel dazu.

Softcover, 156 Seiten. Farbig mit Bildern.
ISBN 978-3-910503-10-6
16,90 €

Wie schaffe ich es, dass mein Hund mir blind vertraut? Ohne Leine überall hin folgt? Stets abrufbar und treu an meiner Seite steht? Kurz: Wie werde ich mit meinem Hund zum Dream-Team?
Cris Bilinski hat in über 45 Jahren als Hundetrainerin hautnah erlebt, wie wir uns und unserem Hund durch kleine Alltagsfehler große Probleme schaffen. Und sie hat praktische und klare Lösungen an der Hand, die funktionieren. Werden wir für unseren Hund zu einem besseren Menschen.

Softcover, 84 Seiten, Farbig mit Illustrationen., Handliches Format
ISBN 978-3-9815634-9-8
8,99 €

Warum hören Hunde nicht, sind widerspenstig, greifen Artgenossen an oder ziehen an der Leine? Hundetrainerin Cris Bilinski hat ihre Erfahrungen in diesem praktischen Ratgeber zusammengefasst und zeigt mit vielen praktischen Tipps, welche Joker Hundehalter ziehen können, um mit ihrem Hund auf eine Ebene blinden Verständnisses zu kommen. Wenn Menschen verstehen, was im Körper und Gehirn ihres Hundes vor sich geht, sehen sie den Alltag plötzlich mit anderen Augen und wissen instinktiv, was zu tun ist.

Softcover, 72 Seiten. mit vielen liebevollen Illustrationen
ISBN 978-3-910503-07-6
9,99 €

Der ganzheitliche Ansatz für Hunde mit Hüftgelenks- oder Ellenbogendysplasie.
Wenn beim Hund HD oder ED diagnostiziert wird, fallen viele Halter aus allen Wolken, scheint doch eine Operation unumgänglich ... Doch ist diese aufwändige Operation wirklich das einzige Heilmittel? Und hilft sie in jedem Fall? Es gibt Alternativen, die ein vergleichbares Ergebnis haben und weniger belastend sind. Die Alternative zur OP fußt auf mehreren Säulen, die in diesem Buch ausführlich beschrieben werden, so dass jeder sie Zuhause durchführen kann. Jeder kann diese multimodale Therapie kostengünstig und eigenständig Zuhause durchführen. Und das Beste ist: Sie dient sogar der Vorbeugung.

Softcover, 156 Seiten.
Farbig mit Bildern.,
ISBN 978-3-910503-08-3
16,80 €

Ein Leitfaden zur selbstbestimmten Hundeerziehung. Für alle.

Der hilfreiche Begleiter für eine intuitive Hundeerziehung: Willkommen in der Welt des individuellen Hundetrainings. Autorin Helma Spona zeigt eine selbstbestimmte Alternative zur traditionellen Hundeschule. Hier erfährt jeder, wie er seinen Vierbeiner wirkungsvoll trainieren und erziehen kann, ohne dabei auf Fremde angewiesen zu sein. Weil jeder Hund einzigartig ist. Der erste Hund zieht ein. Viele fragen sich: Was kann man mit Konsequenz und Belohnung machen und wo ist „Strafe" notwendig? Ist es das überhaupt oder funktionieren sogar nur rein positive Trainingsmethoden?
Moderne Trainingsmethoden sichern das Wohl des Hundes und garantieren den Erfolg. Mit einfachen Übungen lässt sich der Alltag mit Hund in kurzer Zeit meistern. Dazu gehören: Stubenreinheit, Ruheübungen, Verhalten gegenüber Besuchern, Leinenführigkeit, Rückruf...
Helma Spona erklärt, wie jeder sein eigenes Hundetrainingsprogramm aufbauen und anpassen kann. Auf zahlreichen Step-by-Step-Fotos zeigt sie, wie dieses einfach umgesetzt wird. Jeder hat so die Freiheit und Flexibilität, das Training individuell zu gestalten und auf seinen Hund spezifisch einzugehen.

„Ehrlich, klar, zielorientiert! Dieses Buch bringt die Leser voran."
Softcover
Format 17 x 24 cm
ISBN 978-3-910503-11-3
172 Seiten mit Bildern.
18,90 €

Ein Erinnerungsbuch.

Hunde sind wichtig und sie stehen uns näher, als manche Menschen. Die Trauer über ihren Verlust darf sein, sie zu leugnen macht uns bitter.
Dieses liebevoll gestaltete Erinnerungsbuch hilft bei der Trauerbewältigung. Es verpackt den Schmerz in tröstende Worte, hüllt ihn in sanfte Bilder und bannt ihn auf Buchseiten. So verarbeitet, verblasst er mehr und mehr, ganz von alleine und schafft Raum für Neues.
56 Seiten,
Format 10,5 x 14,8 cm
ISBN 978-3-910503-04-5
8,99 €

Das Leadership-Praxisbuch für Rudelführer

WIE MAN ZUM RUDELFÜHRER WIRD.

Es gibt geborene Hundemenschen. Jeder Vierbeiner hängt an ihren Lippen, will ihnen gefallen, und läuft ihnen nach auf Schritt und Tritt. Aber was machen diese anders?
Es sind Menschen mit einer Führungspersönlichkeit. Sie bevorzugen einen Erziehungsstil, der eine gesunde Mischung zwischen der autoritären und der antiautoritären Erziehung ist.
Richtige Führung funktioniert, indem wir beide Formen auf gesunde Weise miteinander kombinieren, die Verantwortung für die Beziehung zum Hund übernehmen und unsere Gefühle kontrollieren.
Das Gute daran ist: Mindestens einen Teil davon haben Sie bereits drauf. Ihnen fehlt nur das Gegengewicht.
Das können Sie lernen.
Softcover, 156 Seiten mit Umschlagklappe,
ISBN: 978-3-910503-02-1
von Radana Kuny
19,90 €

Die Kunst, jeden Mischling zu verstehen, Bindung zu schaffen und als Familienhund zu prägen.

Was geht in deinem Kopf nur vor? Haben Sie sich auch schon einmal gefragt, warum Hunde ganz unterschiedlich reagieren? Dieses Buch liefert die Antworten.
Dank der modernen Wissenschaft wissen wir, dass jede Hunderasse ein anderes Gehirn hat. Bei Retrievern ist beispielsweise der Bereich, der mit räumlichem Denken, Koordination und Blickrichtung zusammenhängt, viel stärker ausgeprägt als bei anderen Rassen, beispielsweise den Bulldoggen, die auf eine Vergangenheit in der Hetz- und Kampfszene zurückblicken können. Hier wiederum sind andere Gehirnregionen zuständig für unterschiedliche Reaktionsbereitschaft. Was aber geschieht im Gehirn von Mischlingen, wenn sich in ihnen verschiedenste Anlagen aus unterschiedlichen Rassehunden vereinen? Was treibt sie an? Was motiviert sie? Wie werden sie kontrollierbar? Was nimmt ihnen die Angst? Wie können sie konditioniert werden? Dieses Buch liefert die Antworten. Und hilft so jedem Halter, den eigenen Hund noch besser zu verstehen und auf natürliche Weise einfacher zu erziehen. Denn weil jedes Hundehirn anders ist, profitiert auch jeder Hund von einer individuellen Art der Erziehung.
Tauchen Sie mit Theodor Heßling ein und erforschen Sie die Vielfalt der Hundewelt. Ganz leicht verstehen Sie danach, warum das, was bei dem einen Hund wirkt, den anderen Hund kalt lässt. Werden Sie zum Erziehungsprofi und zu dem Menschen, den Ihr Hund braucht.

Softcover, 92 Seiten.
Farbig mit Bildern und Klappenumschlag.,
ISBN 978-3-910503-03-8
15,90 €

WEITERE TITEL:

Diese und viele weitere Bücher finden Sie im Buchhandel oder im Shop unter

WWW.MINERVASTORE.DE

Probiert es noch heute!
ORIGINAL PRODUKT
GEPRÜFTE QUALITÄT
TOP-Kundenzufriedenheit
FIT IN NUR 15 MINUTEN TÄGLICH
Better4Pets
Fitness DOG Bone
Fitness DOG Bone
Balance.
Training.
Kräftigung.
Das Workout-Tool für Hunde. Für alle Größen.

Für sehr gut befunden.
www.hunderthaar.de